高职高专"十三五"规划教材·计算机类

Web 设计基础

主　编　付朝晖　王华兵

副主编　宫蓉蓉　刘　立

参　编　张　丽　何　晶　陈　丹

U0352611

西安电子科技大学出版社

内 容 简 介

本书根据高职学生的特点，结合 Photoshop CS6 的基本工具和基础操作，以案例教学为主线，采用图文并茂的方式，精选若干综合实例，对 Web 设计的概念和方法进行了全面的讲解。

全书共 11 章，包括网页设计的概念、Photoshop 入门基础、网页图片的处理、导航栏的设计与制作、网页按钮与图标的设计与制作、网页特效文字的设计与制作、网页 Banner 的设计与制作、网页布局设计、网页布局实例解析、网站首页设计与制作实例、网站的发布与推广。本书内容丰富，图文并茂，配套资源丰富，教材、资源、课件三合一，具有较强的实用性。

本书可作为高职或中职计算机网络技术专业或其他相关专业的教材，也可供广大网页设计爱好者和网站管理与维护人员作为参考书或培训教材。

图书在版编目(CIP)数据

Web 设计基础 / 付朝晖，王华兵主编. —西安：西安电子科技大学出版社，2019.12
ISBN 978—7—5606—5484—3

Ⅰ. ① W…　　Ⅱ. ① 付…　② 王…　Ⅲ. ① 网页制作工具 — 程序设计 — 高等职业教育 — 教材
Ⅳ. ① TP393.092.02

中国版本图书馆 CIP 数据核字(2019)第 252140 号

策划编辑	马乐惠
责任编辑	闵远光　马乐惠
出版发行	西安电子科技大学出版社(西安市太白南路 2 号)
电　话	(029)88242885　88201467　　　邮　编　710071
网　址	www.xduph.com　　　　　　电子邮箱　xdupfxb001@163.com
经　销	新华书店
印刷单位	陕西日报社
版　次	2019 年 12 月第 1 版　　2019 年 12 月第 1 次印刷
开　本	787 毫米×1092 毫米　1/16　印张 17.25
字　数	408 千字
印　数	1～3000 册
定　价	33.00 元

ISBN　978—7—5606—5484—3 / TP

XDUP 5786001—1

＊＊＊ 如有印装问题可调换 ＊＊＊

前　　言

"Web 设计基础"是计算机网络技术及相关专业的一门专业课程。编写本书的目的是帮助有志于从事 Web 设计开发的读者熟悉和掌握网站建设的基本流程及 Web 页面设计与制作的方法。

本书根据 Web 开发实际工作要求，将主要内容聚焦在 Web 美工设计工作岗位所必需的素质和技能上，循序渐进地从网页设计的基本概念、Photoshop CS6 的使用方法、页面元素的设计与制作及网页布局设计几个方面展开讲解。

本书中的实例大部分来自实际工作场景，全书分为 11 章，通过若干综合实例，完整详细地介绍了 Web 设计的工作流程和实施步骤，主要内容包括网页设计的概念、Photoshop 入门基础、网页图片的处理、导航栏的设计与制作、网页按钮与图标的设计与制作、网页特效文字的设计与制作、网页 Banner 的设计与制作、网页布局设计、网页布局实例解析、网站首页设计与制作实例、网站的发布与推广。本书全面讲解网站界面设计所涉及的内容，叙述生动，由浅入深，通过大量实例具体说明如何将设计概念融入到实际操作中。通过学习，学生不仅可以掌握网页布局设计思想和最新趋势，以及使用 Photoshop CS6 进行网页布局设计和网页元素设计制作的方法和技能，还能够了解网站建设的整个工作流程。

本书由长沙民政职业技术学院付朝晖、王华兵任主编，宫蓉蓉、刘立任副主编。其中第 1、8、9、10 章由付朝晖编写，第 6、7、11 章由宫蓉蓉编写，第 2、4 章由张丽编写，第 5 章由何晶编写，第 3 章由陈丹编写，全书由付朝晖统稿，王华兵、宫蓉蓉与刘立参与校对。本书的编写得益于众多同类教材的启发，并得到了长沙民政职业技术学院软件学院邓文达教授的精心指导和兄弟学校同仁们的真诚关怀，以及湖南厚溥教育科技有限公司陈棵、管仕华两位工程师的大力协助。此外，西安电子科技大学出版社也为本书的顺利出版提供了鼎力帮助和支持，在此一并表示感谢。

由于编者水平有限，编写时间仓促，书中难免有不足之处，敬请读者不吝赐教。

编　者

2019 年 7 月

目　　录

第1章 网页设计的概念

【学习目标】

- 了解和熟悉网页设计的一些基本概念和原则。
- 了解网站定位与规划对网站设计的重要性。
- 了解和掌握网页的构成要素。
- 掌握网页配色的原则和方法。

1.1 网站的定位与规划

做任何事情都不能漫无目的，只有先确定方向和目标，才会在做的时候有的放矢。每一个企业都是相互独立的，每一个网站背后都承载着它与众不同的文化与气质。建设一个独具特色的网站，能够有效提升企业整体形象，增强品牌效应，吸引用户关注，并与潜在的客户进行互动。在考虑网站功能定位时，首先应明确企业的主营业务，其次要考虑网站建设希望达到的功能目标。

1.1.1 什么是网站定位

网站定位用以确定网站的服务领域、服务对象、服务内容和服务形式，是确定合适的网站类型的依据。网站的目标定位要切合实际，不宜好高骛远，一般可以从以下几个方面进行考虑。

1. 网站的发展目标

网站定位是对市场、访问者、竞争者以及自身情况等进行综合考虑的产物。也就是指在对整个环境、访问者的心理习惯、竞争者的表现等有了深入了解的基础上，对自身情况进行梳理，找到适合网站发展的方向。科学、合理的定位能够为网站的发展目标、特定目标用户、网站核心内容等网站建设的根本性问题提出可行性要求，使网站的各项工作有共同的目的指向，避免网站建设的盲目性。同时，网站定位对网站的发展规划有着重要作用，无论是网站的长期规划还是短期计划，都是围绕实现网站定位制订的。

2. 网站的整体风格

网站的整体风格体现在网站的总体布局、形象设计以及网站的品牌推广和市场营销上。根据网站定位所确立的发展思路，设计出既能反映网站核心思想又能满足特定用户群的阅读需求的网站，从浅层次上，是关注网站界面的一致性、连续性，色彩、文字的统一、协调，布局的简洁、合理等；而从深层次上，网站的整体风格的形成，往往会对网站的核心文化理念的形成产生重大影响。如新浪网，它的定位是中文论坛和新闻的首选网站，服务的人群是喜欢看新闻的人、网络技术爱好者以及高层次、高品位的交流者。时至今日，新浪已成为中国甚至华人世界最具权威性质的网络媒体之一，其网站文化的确立与当初的定位十分吻合。目前，网络媒体已成为与电视媒体、杂志媒体、报纸媒体、广播媒体并列的第五大媒体。

3. 网站的生存能力和竞争能力

网站定位准确，会给网站在激烈的市场竞争中争取到一块发展的空间。为了谋求生存发展，网站必须突出自己的特色和个性，针对访问者提供个性化的服务。比尔·盖茨说过："我们已经从这个媒体(互联网)中受益，不过，我不认为人人都了解这个媒体的丰富潜能。在所有这些潜能中，我认为最重要的，就是提供个性化内容的能力。"通过对网站定位的把握，能够分析出在什么条件下可以与对手竞争，在什么条件下不能与对手竞争。因此很多人认为，网站定位其实就是网站的市场定位，谁的市场定位更准确，谁就能赢得市场。

1.1.2　网站定位的依据

1. 网站的性质定位

网站的性质一般由网站的经营主体决定。网站的经营主体可以分为三大类，一类是普通主体，一类是专业主体，一类是专门主体。

普通主体是指以个人为网站经营的主体，如众多的个人网站。普通主体完全是根据个人的喜好来选择、发布、管理网站内容的，因此具有很大的自主性。

专业主体是指专门以网络为手段传递信息，以此获得物质利益的网站经营者，如众多的新闻网站和电子商务网站。无论是从传统媒体上分化出的新闻网站，还是新型的纯互联网公司(如电子商务网站)，其网站的定位都离不开信息的分类传播。互联网是信息的海洋，专业主体选择不同的信息类别，从事专业性的信息传递，利用对用户的吸引力或是信息传递所产生的利益来获利。

专门主体是指以网络为手段，实现自身目的的网站经营者，如政府机构网站、教育网站、企业网站等。这类网站往往在现实世界中有相应的实体，实体上网的目的有很多，其传播活动和网站内容受到实体的限制，能够体现实体的意志。

2. 网站的受众定位

在明确网站性质定位的基础上，通过确定网站的受众，能够进一步明确网站的定位。人们对互联网的个性化服务需求决定了网站的服务对象必须是特定的人群，而不可能是全体网民，即使是受众范围较广的综合性门户网站也必须要有自己明确的受众定位。

网站的受众定位就是要根据网站受众的心理和上网的动机确定网站访问者的不同的信息需求。通过浏览不同的信息，受众获得不同的心理体验。进行网站受众定位时，主要考虑以下两个方面的内容：

(1) 网站受众的心理因素。网站受众的心理因素包括受众的情感、价值观、阅读习惯等。网站提供的信息和服务能不能带给网站受众满足感，是否与其心理地位、身份心理相吻合，是否迎合其日常的阅读习惯，都决定着网站能否留住受众。

(2) 网站受众的上网目的。网站受众的上网目的不同，选择的网站也会不同。将网站的核心内容与网站受众的上网目的结合起来是吸引并"黏住"网民的有效方式。

1.1.3　网站定位的创意与策划

网站是一种新媒体，尤其需要创意与策划。通常情况下，网站的创意与策划包含以下内容：建设网站前的市场分析、建设网站的目的及功能定位、网站技术解决方案、网站内容及实现方式、网页页面设计、费用预算、网站维护、网站测试、网站发布与推广等。在实际操作中，根据不同的需求和建站目的，上述内容会相应增加或减少。但在建设网站之初，一定要进行精心创意和细致策划，才能达到预期建站目的。

1. 定位网站主题

网站的主题就是网站的主要题材，例如网上求职、网上聊天、网上社区、在线团购、技术分享、娱乐网站、旅行、资讯、教育、生活时尚，等等。

每一个大类可以继续细分。比如娱乐类可再分为体育、电影、音乐等大类；音乐又可以按格式分为 MP3、VOF、RA，按表现风格分为古典、现代、摇滚等。除了这些最常见的题材，还有许多专业的、另类的、独特的题材可以选择，比如中医、天气预报、宠物等。同时，各个题材相联系和交叉结合可以产生新的题材，如短视频分享(微博+视频)。按这样细分下去，创意策划的题材是取之不尽、用之不竭的。

2. 确定网站名称

网站名称是网站设计的关键要素之一，为网站确定名称有如下原则：

(1) 名称要立得住。网站名称要合法、合情、合理，否则就算是能抓住受众的注意力也不行。

(2) 名称要易于记忆。根据中文网站访问者的特点，除非特定需要，网站名称最好用中文或者英文，但不宜两者混合。

(3) 名称要有特色。网站名称平实是可以接受的，但如果能体现一定的内涵，给访问者更多的视觉冲击和空间想象力，能在体现出网站主题的同时突出特色就更好了。

1.1.4　树立网站整体风格

风格是什么？风格是抽象的，是站点的整体形象给访问者的综合感受。这里的整体形象包括站点的 CI(标志、色彩、字体、标语)、版面布局、浏览方式、交互性、文字、语气、内容价值等诸多因素。比如说，在国内的门户站点中，百度是朴素的，小米是富于时代感的，唯品会是充满品牌感的，这些就是各不相同的风格给受众的不同感受。

1. 树立网站整体风格的步骤

树立与众不同的风格，可以分为几个步骤：

(1) 风格是建立在有价值的内容之上的。一个网站有风格而没有内容，就好比绣花枕头。因此，保证内容的质量和价值是重中之重。

(2) 要彻底明确网站的风格。可以通过填写和发放问卷的形式，把自身的建设意图与网友的期望相比较，会使网站的风格更加有针对性且卓有成效。

(3) 在明确网站印象后，开始努力建立和加强这种印象。例如，再次审查网站名称、域名、栏目名称是否符合这种个性，是否易记；网站的标准色彩是否容易让人联想到这种特色，是否体现网站的性格；等等。

2. 树立网站整体风格的具体做法

树立网站风格，具体做法有：

(1) 将网站的标志(LOGO)尽可能地体现在每个页面上，包括页眉、页脚和背景等。

(2) 突出网站的标准色彩。文字的链接色彩、图片的主色彩、背景色、边框色尽量使用与标准色彩一致的色彩。

(3) 突出网站的标准字体。在关键的标题、菜单、图片里使用统一的标准字体。

(4) 想一条朗朗上口的宣传标语。把它放在网站的 Banner 或醒目的位置，告诉受众网站的特色是什么。

(5) 使用统一的图片处理效果。比如，阴影效果的方向、厚度、模糊度都必须一样。

(6) 创造一个站点特有的符号或图标。

最后，在把网站的定位确定下来之前，可以反思一下：如果网站这样定位的话，能够给用户提供什么样的价值？这个价值是不是用户需要的？如果需要，可能有多大规模的用户需要它？用户是不是愿意为它付钱？这样的价值是不是其他网站已经提供了？这样的价值是不是其他网站也很容易提供？

1.2 网页的构成要素

网页设计中的排版和平面设计的排版有着很多相似之处，但又有很多不同。平面设计排版是网页设计排版的基础，在一些文字、图片的排版方面，它们遵循的原则基本是相同的。但是，网页设计排版又会涉及交互性的功能以及动态的效果，所以排版的时候不仅要考虑文字、图片的静态效果，还要考虑一些动态的视觉效果。在网页设计中，诸多元素要呈现在固定大小的页面上，要考虑的情况自然就比平面设计多得多。下面就讨论一下在网页设计排版中设计师们应该注意的一些要素。

1.2.1 文字

虽然有时候一个页面上没有几个文字，但千万不要忽视这几个文字的作用。字体的选择、字体的大小、字间距以及多种字体如何自然地搭配都是决定设计成败的关键因素。在同一个页面有限的文字区域内所用到的字体样式绝对不止一种，甚至会有三四种，这是为了打破单一字体给用户带来的单调感。字体的搭配是将两种或更多字体通过合理的排版达到最佳效果的过程。对于很多初学者来说，他们觉得只用选择漂亮字体就够了。事实上，选择漂亮的字体并不难，如何让它们完美地搭配在一起，相得益彰，这才是应该好好下工夫的地方。图 1-1 所示为字体的搭配案例。

图 1-1　字体的搭配案例

1.2.2　图片

　　图片是一个网站的核心，许多设计师都会把大量的精力放在图片设计上，因为很多访问者在网页上停留的时间不会太久，更不会花太多时间阅读其中的内容。这个时候，一张好看的图片就能够快速有效地吸引访问者。大家所熟知的苹果公司官网就采用了这样的方式，直接将产品的图片呈现在大家面前，没有过多的描述，反而会让访问者觉得简洁明了，如图 1-2 所示。

图 1-2　苹果公司网站页面

1.2.3　交互

　　交互设计在网页设计中有着相当好的势头，在设计交互的时候，将会涉及许多页面组件。这么多的组件元素要排列在同一个页面上，要考虑的情况也就多了许多。在做交互设计之前，必须站在访问者的角度考虑，菜单导航应该在哪个地方最清晰可见？组件应该通过什么样的方式展现访问者才会觉得方便？组件和组件之间要怎样排布才会不影响访问者的视觉效果？这就要求网页设计师有一个流畅的原型设计过程，通过借助一些原型设计工具(Axure、Mockplus、Justinmind 等)来实现合理且能带来良好用户体验的交互设计。图 1-3 所示为"汽车之家"网站的交互式车型全景展示。

图 1-3 "汽车之家"网站的交互式车型全景展示

1.2.4 视频和动画

如果一个网页只有文字和图片这样静态的元素，难免少了一些生气。现如今，视频和动画的制作成本很低，网络传播性强，与社交媒体网站的兼容性好，甚至在一定程度上，视频和动画传播的有效信息比文本还要多。于是，在网页设计排版中，视频和动画也会被设计师加入其中。但要注意的是，视频和动画设计在同一个版面上不能出现太多，有一到两处即可，否则会让访问者感到眼花缭乱，过多的视频和动画甚至会喧宾夺主，导致访问者找不到产品的重点信息。

1.2.5 优秀案例赏析

以下是三个具有代表性的优秀网页版面设计案例。

1. Webydo

Webydo 本身就是一个帮助网站设计自由职业者和代理机构创建网站的网站，它拥有内置的 CMS(内容管理系统)，可以更快地创建网站并开展业务。它的设计非常有趣，设计师直接将整个页面模拟为我们常见的设计工具页面，明确地传达出了网站主题，能够准确地吸引目标客户，如图 1-4 所示。

图 1-4 Webydo 网站

2. CALEO

《CALEO》是一部独立的男性出版物，它的官网页面是很多设计师在实际设计中都会参考的。像这样的时尚网站，大多都会选择用许多图片作为重点，但他们对图片进行了合理的排版，不会造成杂乱的视觉效果，其图片之间一定的间距和图片尺寸的大小都有一定的合理规划，如图 1-5 所示。

图 1-5　CALEO 时尚网站

3. Foreign Policy

Foreign Policy 将手绘风格完美地融入了页面设计中，小清新的配色和一目了然的导航菜单排版也是其亮点。此外他们在许多细微的地方都运用了动态效果，让访问者在浏览时处处都有小惊喜，如图 1-6 所示。

图 1-6　Foreign Policy 网站

1.3　网页配色

一个网页的色彩要具有鲜明的特色和独特的风格，这样才能给访问者留下深刻的印象。网页设计虽然属于平面设计的范畴，但又与其他平面设计不同，它在遵从艺术规律的同时还要考虑人的生理特点。因此色彩搭配一定要合理，要给人一种和谐、愉快的感觉，避免采用纯度很高的单一色彩，以免造成视觉疲劳。

同时，网页设计还要考虑到网站本身的特点，确定网页的色相、冷暖色调与对比色调。

暖色调包括红色、橙色、黄色等，在对比中强调暖色调，可以使页面呈现热情、积极、温馨的情绪。冷色调包括青色、灰色、白色、紫色等，在对比中强调冷色调，可以使页面呈现出一种清凉、高洁、稳重、肃穆甚至萧瑟的情绪。

一般来说，网页的背景色应该柔和一些、素一些、淡一些，再配上深色的文字，使人看起来自然、舒畅。做网页的初学者可能更习惯于使用一些漂亮的图片作为自己网页的背景。但是，只要仔细浏览一下大型的商业网站，就会发现他们更多运用的是白色、蓝色等单纯的颜色，使得网页显得典雅、大方和温馨。更重要的是，这样可以大大加快访问者打开网页的速度。

1.3.1　色彩的基本知识

1. 颜色的表示方法和分类

颜色是因为光的反射和折射而产生的。红、黄、蓝是三基色，其他的色彩都可以用这三种色彩调和而成。网页 HTML 语言中的色彩即是用这三种颜色的数值表示的，常用的表示方法是用 6 位的 16 进制数表示颜色，格式为 #rrggbb，每种颜色占 2 位，依次是 r(red，红色)、g(green，绿色)、b(blue，蓝色)，采用这种表示方法，可以表示出 1600 多万种颜色。例如：红色的表示方法为 #FF0000，白色为 #FFFFFF，我们经常看到 HTML 代码中的"bgColor=#FFFFFF"就是指背景色为白色。

颜色分非彩色和彩色两类。非彩色是指黑、白、灰系统色。彩色是指除了非彩色以外的所有色彩。任何色彩都有饱和度和透明度的属性，属性的变化产生不同的色相。

网页制作用彩色还是非彩色好呢？专业研究机构的研究表明：彩色的记忆效果是黑白的 3.5 倍。也就是说，在一般情况下，彩色页面比完全黑白页面更加吸引人。通常的做法是：主要内容文字用非彩色(黑色)；边框、背景、图片用彩色。这样页面整体显得不单调，看主要内容也不会眼花。

色彩千变万化，彩色的搭配是我们研究的重点。色彩按"红→黄→绿→蓝→红"依次过渡渐变，就可以得到一个色相环，如图 1-7 所示(可扫右侧二维码看彩图)。在色环的上下两端分别是暖色和寒色，左右两侧是中性色。

色相环

图 1-7　色相环

2. 色彩的心理感觉。

不同的颜色会给访问者不同的心理感受。

(1) 红色——最引人注目的色彩，具备强烈的感染力。它是火的颜色、血的颜色。象征着热情、喜庆、幸福，另一方面又象征警觉、危险。红色色感刺激强烈，在色彩配合中常起着主色和重要的调和对比作用，是使用得最多的颜色之一。

(2) 黄色——阳光的色彩，象征光明、希望、高贵、愉快。浅黄色表示柔弱，灰黄色表示病态。黄色在纯色中明度最高，和红色色系的色配合可以产生辉煌华丽、热烈喜庆的效果，和蓝色色系的色配合可以产生淡雅宁静、柔和清爽的效果。

(3) 蓝色——天空的色彩，象征和平、安静、纯洁、理智，另一方面又有消极、冷淡、保守等意味。蓝色和红、黄等色运用得当，能构成和谐的对比调和关系。

(4) 绿色——植物的色彩，象征着平静和安全，带灰褐绿的色则象征着衰老和终止。绿色和蓝色配合显得柔和宁静，和黄色配合显得明快清新。绿色的视认性不高，通常作为陪衬的中型色彩。

(5) 橙色——秋天收获的颜色，象征快乐、健康、勇敢。鲜艳的橙色比红色更为温暖、华美，是任何色彩中最温暖的色彩。

(6) 紫色——象征优美、高贵、尊严，另一方面又有孤独、神秘等意味。淡紫色有高雅和魔力的感觉，深紫色则有沉重、庄严的感觉。紫色和红色配合显得华丽和谐，和蓝色配合显得华贵低沉，和绿色配合显得热情成熟。紫色运用得当能构成新颖别致的效果。

(7) 黑色——暗色，是明度最低的非彩色，象征着力量，有时又意味着不吉祥和罪恶。黑色能和许多色彩构成良好的对比调和关系，运用范围很广。

(8) 白色——纯粹和洁白的色，象征纯洁、朴素、高雅等。作为非彩色的极色，白色和黑色相同，它和任何的色彩构成明快的对比调和关系。例如白色和黑色相配，可以构成简洁明确、朴素有力的效果，给人一种重量感和稳定感，有很好的视觉传达能力。

每种色彩在饱和度、透明度上略微变化就会产生不同的感觉。以绿色为例，黄绿色有青春、旺盛的视觉意境，而蓝绿色则显得幽暗、宁静。

1.3.2　色彩的搭配

1. 网页色彩搭配的原理

(1) 色彩的鲜明性。网页的色彩要鲜艳，容易引人注目。

(2) 色彩的独特性。要有与众不同的色彩，使得大家对网页的印象深刻。

(3) 色彩的合适性。色彩应和网页表达的内容气氛相适合。如用粉色体现女性站点的柔性。

(4) 色彩的联想性。不同色彩会产生不同的联想，蓝色可以使人想到天空，黑色可以使人想到黑夜，而红色则可使人想到喜事等，选择色彩要和网页的内涵相关联。

2. 网页色彩掌握的过程

随着网页设计经验的积累，我们用色有这样的一个趋势：单色→五彩缤纷→标准色→单色。一开始因为技术和知识缺乏，只能制作出简单的网页，色彩单一；在有一定基础和材料后，希望制作一个漂亮的网页，将自己收集的最好的图片，最满意的色彩堆砌在页面上。但是时间一长，却发现色彩杂乱，没有个性和风格。接下来重新定位自己的网站，选择好切合实际需求的色彩，推出的网页往往比较成功。当最后设计理念和技术达到顶峰时，则又返璞归真，用单一色彩甚至黑白色就可以设计出简洁精美的网页。

3. 网页色彩搭配的技巧

写到这里，可能有读者要问了："到底用什么色彩搭配好看呢？能不能推荐几种配色方案？"

非彩色的搭配，黑白是最基本和最简单的搭配，白字黑底，黑底白字都非常清晰明了。灰色是万能色，可以和任何彩色搭配，也可以帮助两种对立的色彩平滑过渡。如果读者实在找不出合适的色彩，那么用灰色试试，效果绝对不会太差。

一个羽翼未丰的网页设计师很容易掉进这样的陷阱——使用太多种颜色。那么怎样的配色才是"安全方案"呢？前辈们为我们总结出了以下几条安全配色的方法。

(1) 用一种色彩。这里是指先选定一种色彩，然后调整透明度或者饱和度(说得通俗些就是将色彩变淡或加深)，产生新的色彩用于网页。这样的页面看起来色彩统一，有层次感。

(2) 用两种色彩。先选定一种色彩，然后选择它的对比色(在 Photoshop 里按 Ctrl + Shift + I)。比如主页用蓝色和黄色会使整个页面色彩丰富但不花哨。

(3) 用一个色系。简单地说就是用一个感觉的色彩，例如淡蓝、淡黄、淡绿，或者土黄、土灰、土蓝。

(4) 用黑色和一种彩色。比如大红的字体配黑色的边框可以使人感觉很"跳"。

对于初学者而言，配色仍是一件比较困难的事情，笔者的经验是先找到一个色彩搭配得很好的网站，仔细分析它是怎样配色的，试着模仿它的配色方案做一个网站。给大家介绍一个网址 http://www.divcss5.com/peise/，这个网站推荐了很多优秀的网页配色方案，可供大家学习借鉴。此外，还可以使用一些专业的配色工具软件帮助我们配色，例如 Coolors、Stylify me、Adobe Color CC 等。

4. 网页配色的注意事项

在网页配色时，特别要注意以下事项：

(1) 不要将所有颜色都用到，尽量控制在三种色彩以内。

(2) 背景和前文的对比尽量要大(绝对不要用花纹繁复的图案作背景)，以便突出主要文字内容。

(3) 要为文化背景选择合适的颜色，因为在不同的文化中，颜色的意义和心理感受会不同。

5. 优秀配色方案赏析

图 1-8～图 1-11 所示为优秀网页配色方案举例。

图 1-8　某韩国网站配色

图 1-9　小米商城配色

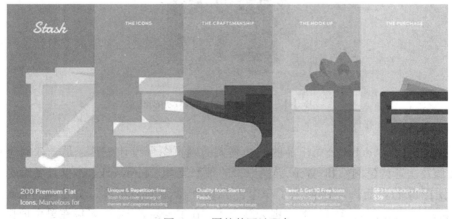

图 1-10　国外某网站配色

图 1-11　某食用油网站配色

1.4　网页设计常用工具

1. Photoshop

Adobe Photoshop(简称 PS)是一个由 Adobe 公司开发和发行的图像处理软件，深受广大平面设计人员和电脑美术爱好者的喜爱。Photoshop 主要处理以像素所构成的数字图像，使用其丰富的编修与绘图工具，可以有效地进行图片编辑工作。Photoshop 有很多功能，在图像、图形、文字、视频、出版等各方面都有涉及。平面设计是 Photoshop 应用最为广泛的领域，界面设计属于平面设计中的一个新兴的领域，已经受到越来越多的软件企业及开发者的重视，目前绝大多数界面设计师都在使用 Photoshop 进行设计。图 1-12 所示的为 Photoshop CS6 的启动界面。

图 1-12　Photoshop CS6 启动界面

2. Fireworks

Fireworks 是 Adobe 公司出品的一个强大的网页图形设计工具，是一款创建和优化 Web 图像及快速构建网站和 Web 界面原型的理想工具。Fireworks 不仅具备编辑矢量图形与位图图像的灵活性，还提供了一个预先构建资源的公用库，并可与 Photoshop、Illustrator、Dreamweaver 和 Flash 实现无缝连接。在 Fireworks 中，可以在单个项目中同时创建和编辑位图与矢量图两种图形，大大简化了网络图形设计的工作量。图 1-13 所示的为

Fireworks CS6 启动界面。

图 1-13　Fireworks CS6 启动界面

3. Illustrator

Adobe Illustrator 是一种应用于出版、多媒体和在线图像的工业标准矢量插画的软件，是一款非常好的矢量图形处理工具。图 1-14 所示的为用 Illustrator 制作的矢量图。

图 1-14　用 Illustrator 制作的矢量图

4. Dreamweaver

Adobe Dreamweaver 简称"DW"，中文名称为"梦想编织者"，最初由美国 MACROMEDIA 公司开发，2005 年被 Adobe 公司收购。DW 是集网页制作和网站管理于一体的所见即所得网页代码编辑器。利用对 HTML、CSS、JavaScript 等内容的支持，设计人员和开发人员可以在几乎任何地方快速制作和进行网站建设。其最大的特点就是完全不用手敲代码也可以实现网页编辑，其所见即所得的开发方式更是大大提高了设计的效率。但由于其占用资源大，因此用起来不够方便。

5. 其他工具

随着近年来 Web 前端开发的兴起，Web 开发工具也层出不穷。

Bootstrap 就是一种快速开发 Web 应用程序的前端工具包。它是一个 CSS 和 HTML 的集合，它使用了最新的浏览器技术，给 Web 开发提供了时尚的版式、表单、buttons、表格及网格系统等。

Sublime 是一个超漂亮的跨平台编辑器，速度快并且功能丰富，几乎支持所有的编程语言，并且支持多行选择、代码缩放、键盘绑定、宏及拆分视图等。同时拥有全屏和免打扰模式，非常适合大屏幕的显示。Sublime 拥有非常活跃的社区支持，而且开发了很多的插件和 bundle，支持开发 JavaScript 和 JQuery。它同时支持 Linux，Windows 和 OSX。图 1-15 所示的为 Sublime 的工作界面。

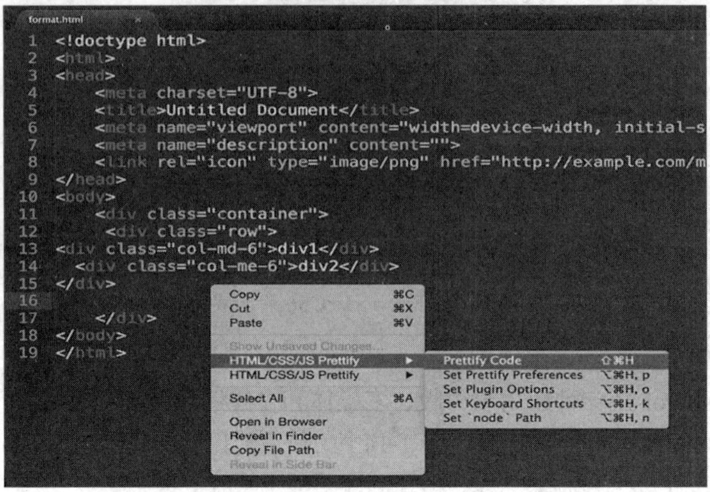

图 1-15   Sublime 工作界面

限于篇幅，本书仅介绍以上几款最流行性的工具给读者，IT 领域发展的速度惊人，今天最流行的工具很快会被另一个更好的工具所取代，这就需要 IT 从业人员不断学习，与时俱进。

1.5   课后实践练习

实践训练：网站配色方案设计
【实践目标】
根据已掌握的色彩知识，按照配色的原则和方法进行配色方案的设计。
【实践题目】
参照图 1-16 以颜色图块的方式设计 6 组网页配色方案，每组方案的颜色最少 2 种，最多 6 种。

图 1-16   实践训练用图

第 2 章　Photoshop 入门基础

学习目标

- 掌握 Photoshop CS6 软件的工作界面，熟悉 Photoshop 的基本操作。
- 掌握 Photoshop CS6 软件中各工具的使用。
- 能够利用 Photoshop CS6 软件制作相应的效果图。

2.1　Photoshop CS6 工作界面

正确安装完成 Photoshop CS6 并正常启动该软件后，执行"文件"→"打开"命令，选择本地空间存储的一张图片后，即进入 Photoshop CS6 软件的工作界面，如图 2-1 所示。

图 2-1　Photoshop CS6 工作界面

如图 2-1 所示，Photoshop CS6 工作界面主要由菜单栏、工具箱、选项栏、控制面板和图像编辑区几个部分组成。下面将对每个部分的工能做详细说明。

2.1.1　菜单栏

对于每款软件来说，菜单栏都是必不可少的组成部分，也是软件的重要部分，一般来说菜单栏的主要作用是为大多数的命令提供功能入口。下面对 Photoshop CS6 的菜单栏命令进行具体讲解。

1. 菜单分类

Photoshop CS6 工具的菜单栏从左到右依次为“文件”菜单、“编辑”菜单、“图像”菜单、“图层”菜单、“文字”菜单、“选择”菜单、“滤镜”菜单、“视图”菜单、“窗口”菜单和“帮助”菜单，如图 2-2 所示。

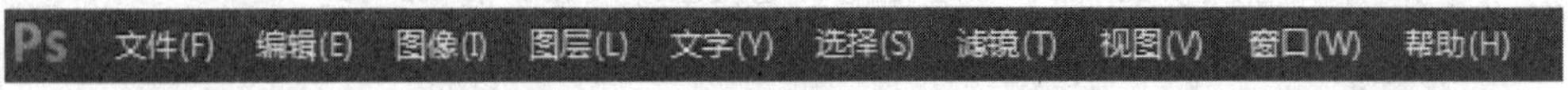

Ps
文件(F)
编辑(E)
图像(I)
图层(L)
文字(Y)
选择(S)
滤镜(T)
视图(V)
窗口(W)
帮助(H)

图 2-2　Photoshop CS6 菜单栏

每类菜单的具体功能如下：

(1) “文件”菜单：包含对文件的各种操作命令，如打开文件、新建文件等。

(2) “编辑”菜单：包含对文件的各种编辑操作命令，如前进、后退等。

(3) “图像”菜单：包含对图像大小、颜色等信息调整的操作命令，如模式、调整、图像大小、画布大小等。

(4) “图层”菜单：包含对图像图层的各种调整操作命令，如新建图层、复制图层等。

(5) “文字”菜单：包含对图像中文字部分的各种编辑和调整命令，如语言选项等。

(6) “选择”菜单：包含对选区的各种操作命令，如取消选区、反向等。

(7) “滤镜”菜单：包含添加各种滤镜效果的相关操作命令，如滤镜库、液化、模糊等。

(8) “视图”菜单：包含对各种视图进行设置的操作命令，如放大、缩小、标尺等。

(9) “窗口”菜单：包含显示或隐藏各种控制面板相关的操作命令，值得一提的是可以通过执行“窗口”→“工作区”→“复位基本功能”命令使 Photoshop CS6 恢复到默认工作界面。

(10)“帮助”菜单：包含各种帮助信息。

2. 打开菜单

鼠标左键单击某个菜单即可打开该菜单，不同的菜单之间以分隔线隔开。其中菜单右侧带有 ▸ 标志时说明该菜单命令还包含子菜单，如图 2-3 所示。

图像(I)
图层(L)
文字(Y)
选择(S)
滤镜(T)
视图(V)
窗口(W)
帮助(H)
模式(M)
调整(J)
自动色调(N)　Shift+Ctrl+L
自动对比度(U)　Alt+Shift+Ctrl+L
自动颜色(O)　Shift+Ctrl+B
亮度/对比度(C)...
色阶(L)...　Ctrl+L
曲线(U)...　Ctrl+M
曝光度(E)...

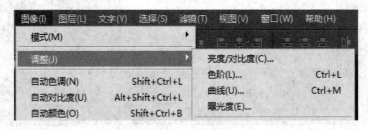

图 2-3　Photoshop CS6 子菜单

3. 执行菜单中的命令

选择一个菜单命令鼠标左键单击即可执行该命令。如果命令行右侧标有快捷键，也可以利用快捷键快速执行该命令。如在图 2-3 所示界面中按 Ctrl + M 组合键或执行“图像”→“调整”→“曲线”命令。

在菜单中有些命令显示为灰色，则表示该命令在当前状态下不可用，如图 2-4 所示。有些菜单在名称右侧有“…”符号，表示执行该命令时会弹出对话框，如图 2-5、图 2-6 所示。

图 2-4　不可用菜单命令　　　　　图 2-5　含有"…"符号的菜单命令

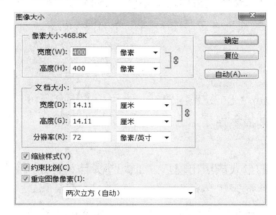

图 2-6　"图像大小"对话框

2.1.2　工具箱

1. 移动工具箱

默认情况下的工具箱在窗口左侧，将鼠标光标放在工具箱顶部拖住不放并拖曳即可将工具箱拖出放在任意位置。

2. 显示工具快捷键

将鼠标光标放在每个工具上长停会出现一个黄色图标，显示工具名称，工具名称后面的字母代表此工具的快捷键。

3. 显示并选择工具

由于 Photoshop CS6 提供了很多工具，无法全部显示在工具箱内，因此有些工具被隐藏在相应的子菜单中。在工具箱中工具图标右下角带有 ▣ 标志的，表示该工具下有隐藏工具。在带有 ▣ 的工具上用鼠标左键长按或者右键单击可以弹出隐藏的工具选项，如图 2-7 所示，将鼠标光标移动到相应工具上单击即可选择该工具。

图 2-7　隐藏工具选项

2.1.3　选项栏

选择一个工具之后，菜单栏下方会显示出该工具的选项栏。选项栏可以看成是工具的功能扩展，可以对工具进行进一步详细地设置。比如选择"矩形选框工具" 时，其选项栏如图 2-8 所示。

图 2-8　"矩形选框工具"的选项栏

2.1.4　控制面板

控制面板是 Photoshop CS6 处理图像时必不可少的部分，可以完成对图像的处理操作和相关参数的设置，比如显示信息、选择颜色、编辑图层等。

1. 选择面板

面板通常以选项卡的形式成组出现，在面板选项卡中单击一个面板的名称即可显示该面板。如单击"色板"将显示"色板"面板，如图 2-9 所示。

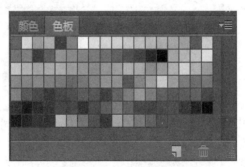

图 2-9　"色板"面板

2. 移动面板

面板在工作界面的位置可以任意移动。将光标放在面板名称上，单击并拖动就可以将面板从面板组中分离出来，成为一个独立的浮动面板，放在窗口的任意位置，如图 2-10 所示。

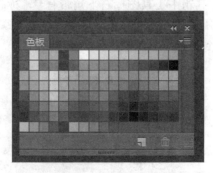

图 2-10　浮动面板

2.1.5　图像编辑区

在 Photoshop CS6 中打开一个图像会自动创建一个图像编辑窗口，当打开多个图像时会停放到选项卡中，如图 2-11 所示。单击一个文档名称，即可设置为当前操作窗口。

图 2-11　打开多个图像

2.2　设置前景色和背景色

在 Photoshop CS6 工具箱底部有一组设置前景色和背景色的图标，如图 2-12 所示，该组工具可以用来设置前景色和背景色，进而利用设置的颜色进行填充等操作。

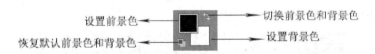

图 2-12　前景色背景色图标组

通过图 2-12 可以看出，该工具组由 4 部分组成，分别是"设置前景色""设置背景色""切换前景色和背景色"和"默认前景色和背景色"。在 Photoshop CS6 中，默认前景色是黑色，背景色为白色，可以通过该组工具更改前景色和背景的颜色。

2.2.1　设置前景色

第一步：在 Photoshop CS6 工作界面中，执行"文件"→"新建"命令，弹出"新建"对话框，设置宽度为 500 像素、高度为 500 像素、分辨率为 72 像素/英寸、颜色模式为"RGB颜色"，单击【确定】按钮，完成画布的创建，如图 2-13 所示。

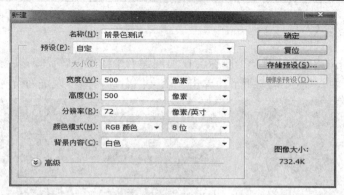

图 2-13　"新建"对话框

第二步：单击"设置前景色"图标 ▉，弹出"拾色器(前景色)"对话框，拖动颜色滑块调整颜色范围，并在色域中拾取颜色，单击【确定】按钮，完成前景色的设置，如图 2-14 所示。此时"设置前景色" ▉ 图标由默认的黑色变成拾取颜色。

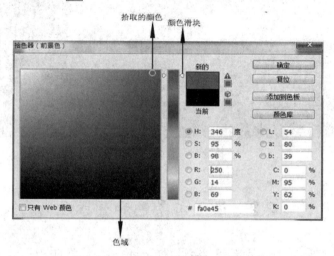

图 2-14　"拾色器(前景色)"对话框

第三步：在工具箱中选择"油漆桶工具" ▉，在画布中单击该工具(或者按 Alt + Delete 组合键)给画布填充设置的前景色，如图 2-15 所示。

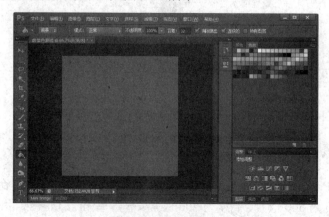

图 2-15　填充前景色

2.2.2　设置背景色

第一步：在 Photoshop CS6 工作界面中，执行"文件"→"新建"命令，弹出"新建"对话框，设置宽度为 500 像素、高度为 500 像素、分辨率为 72 像素/英寸、颜色模式为"RGB 颜色"，单击【确定】按钮，完成画布的创建，如图 2-16 所示。

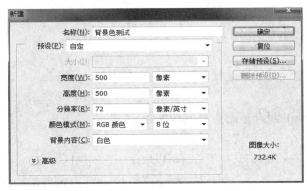

图 2-16　"新建"对话框

第二步：单击"设置背景色"图标 ，弹出"拾色器(背景色)"对话框，拖动颜色滑块调整颜色范围，并在色域中拾取颜色，单击【确定】按钮，完成景色的设置。效果如图 2-14 所示。此时"设置背景色"图标由默认的白色变成拾取颜色 。

第三步：按 Ctrl＋Delete 组合键给画布填充设置的背景色。效果如图 2-15 所示。

除此之外，在设置前景色背景色工具组中单击【切换前景色和背景色】按钮，可以将当前的前景色和背景色互换。单击【默认前景色和背景色】按钮可以将前景色和背景色恢复到默认颜色，默认前景色为黑色，背景色为白色。

2.3　创建选择区域

在用 Photoshop CS6 处理图像时经常需要创建选区，Photoshop CS6 创建选区的方式主要有选框工具、套索工具。此外还可以利用选区的布尔运算综合使用多种选区创建工具对选区进行布尔运算以得到目标选区。

2.3.1　选框工具

Photoshop CS6 工具箱顶部有一组选框工具，是最为常用的选区工具，常用来绘制一些形状规则的选区。选择"矩形选框工具" 鼠标右键单击或长按鼠标左键可以显示整组选框工具，如图 2-17 所示。

图 2-17　选框工具

1. 矩形选框工具

1) 基本操作

选择"矩形选框工具" ，按住鼠标左键在画布中拖动，即可创建一个矩形选区，如图 2-18 所示。

同时，在创建矩形选区的时候有一些使用技巧，具体如下：

(1) 按住 Shift 键的同时拖动鼠标，可以创建一个正方形选区。

(2) 按住 Alt 键的同时拖动鼠标，可以单击点为中心创建一个矩形选区。

(3) 按住 Alt + Shift 组合键的同时拖动鼠标，可以以单击点为中心创建一个正方形选区。

图 2-18　创建矩形选区

(4) 执行"选择"→"取消选择"命令可以取消当前的选区。该命令的组合键为 Ctrl + D，是最常用的组合键之一。该命令同时适用于所有的选区工具创建的选区。

2) 选项栏

选择"矩形选框工具" 后，选项栏相应出现其可以设置的选项。"矩形选框工具"的选项栏如图 2-19 所示。

图 2-19　矩形选区选项栏

"矩形选框工具"选项栏中的方式有"正常""固定比例"和"固定大小"三种。

(1) 正常：该方式为默认方式，可以拖动鼠标创建任意大小的选框。

(2) 固定比例：选择此方式后，可以在后面的"宽度"和"高度"文本框中输入具体宽高比，创建宽高比固定的矩形选框。

(3) 固定大小：选择此方式后，可以在后面的"宽度"和"高度"文本框中输入具体宽高数据，创建指定尺寸的矩形选框。

"矩形选框工具"选项栏中的"羽化"可以设置矩形选框的羽化值，羽化效果可以使选区内外衔接的部分虚化，起到渐变和自然衔接的作用。图 2-20(a)所示的为没有羽化的矩形选框填充黑色的效果，图 2-20(b)所示的为羽化值设为 10 像素创建的矩形选框填充黑色的效果。可以明显看出羽化后有一种虚化和渐变的效果。

(a) 无羽化效果　　　　　　(b) 羽化值为 10 的像素效果

图 2-20　矩形选区羽化效果

2. 椭圆选框工具

1) 基本操作

与"矩形选框工具"类似,"椭圆选框工具"也是最常用的选区工具之一。选择"椭圆选框工具" ⬤,按住鼠标左键在画布中拖动,即可创建一个椭圆选区,如图 2-21 所示。

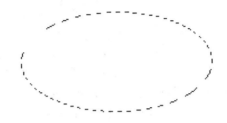

图 2-21　创建椭圆选区

同时,在创建椭圆选区的时候也有一些使用技巧,具体如下:

(1) 按住 Shift 键的同时拖动鼠标,可以创建一个正圆选区。

(2) 按住 Alt 键的同时拖动鼠标,可以以单击点为中心创建一个椭圆选区。

(3) 按住 Alt + Shift 组合键的同时拖动鼠标,可以以单击点为中心创建一个正圆选区。

"椭圆选框工具"在实际应用中非常常用,日常生活中常见的一些 LOGO 经常会用到椭圆选框工具,图 2-22(a)、图 2-22(b)、图 2-22(c)所示 LOGO 在制作时就需要用到"椭圆选区工具"。

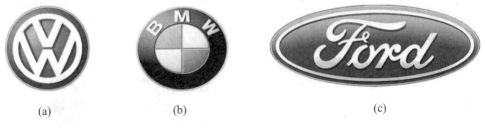

(a)　　　　　　　　(b)　　　　　　　　(c)

图 2-22　应用椭圆选区的 LOGO

2) 选项栏

选择"椭圆选框工具" ⬤ 后,选项栏相应出现其可以设置的选项。"椭圆选框工具"的选项栏如图 2-23 所示。

图 2-23　椭圆选区选项栏

与"矩形选框工具"对比发现,"椭圆选框工具"选项栏中可以使用"消除锯齿"功能。勾选"消除锯齿",对选区填充颜色后会使图像边缘更看起来更光滑。

2.3.2 套索工具

在 Photoshop CS6 工具箱顶部选框工具下面有一组"套索工具" 🔾,右键单击或者左键长按可以弹出"套索工具"菜单组，如图 2-23 所示。

图 2-24　　"套索工具"菜单组

　　"套索工具"菜单组用于创建不规则选区，其中最常用的是"多边形套索工具"和"磁性套索工具"。以"多边形套索工具"为例，选择"多边形套索工具"后，鼠标指针会变成形状，首先在画布中单击创建起始节点；接着拖动鼠标指针到下一目标节点单击创建下一节点；然后依次创建所有目的节点，形成不规则选区，如图 2-25(a)所示；最后拖动鼠标到起始位置，当终点与起点重合时，鼠标指针变成，此时再次单击即可创建一个闭合选区，如图 2-25(b)所示。

(a)　多边形套索绘制多边形选区　　　　　　　(b)　闭合多边形选区

图 2-25　多边形套索工具创建选区

　　"套索工具"在日常应用中也比较常见，常用来选取不规则的图像，图 2-26(a)所示的以及类似的图片比较适合用"多边形套索工具"来获得选区，图 2-26(b)所示的以及类似的图片比较适合使用"磁性套索工具"来获得选区。

(a)　"多边形套索工具"使用举例　　　　　　(b)　"磁性套索工具"使用举例

图 2-26　套索工具使用场景

　　使用"多边形套索工具"创建选区时，有一些使用的技巧，具体如下：

　　(1) 在未闭合选区的情况下，按 Delete 键可以删除当前节点，按 Esc 键可以删除所有节点。

　　(2) 在创建节点时，按 Shift 键，可以沿水平方向、垂直方向或者 45° 方向创建下一个节点。

　　(3) 创建选区时如果没有最后将鼠标拖到起始节点单击闭合鼠标，那么此时双击鼠标，会自动从当前最后绘制的节点到起始节点创建一条线闭合选区。

2.3.3　选区的布尔运算

在创建选区时可以利用选区的"布尔运算"实现新选区和现有选区之间的运算，进行选区之间进行相加、相减或者相交，从而形成新的选区。"布尔运算"可以通过任何选区工具的选项栏进行设置，如图 2-27 所示。

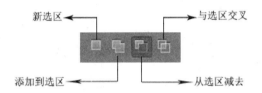

图 2-27　选区的布尔运算菜单组

从上图可以看出选区工具的选项栏包括四个按钮，从左到右依次为：【新选区】、【添加到选区】、【从选区减去】和【与选区交叉】。以下对这四个按钮分别作出说明。

1．新选区

【新选区】按钮为所有选区工具的默认选区编辑状态。选择【新选区】按钮后，如果画布中没有选区，则可以创建一个新的选区。如果画布中存在选区，那么新创建的选区会替换原来的选区。

2．添加到选区

【添加到选区】可以在原有选区的基础上添加新选区。单击【添加到选区】按钮，当绘制一个选区后，再绘制另外一个选区，则两个选区会被同时保留，如果两个选区不存在交叉区域，则效果如图 2-28(a)所示。如果两个选区有交叉区域，则会形成叠加在一起的选区，效果如图 2-28(b)所示。

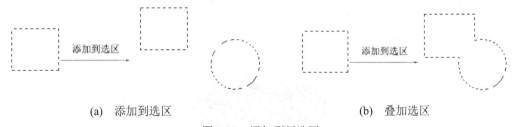

(a)　添加到选区　　　　　　　　　　(b)　叠加选区

图 2-28　添加到新选区

3．从选区减去

【从选区中减去】可在原有的选区的基础上减去新的选区，如图 2-29 所示。

图 2-29　从选区中减去

4. 与选区交叉

【与选区交叉】用来保留两个选区相交的区域，如图 2-30 所示。

图 2-30　与选区交叉

2.4　基本绘图工具

2.4.1　形状工具

在 Photoshop CS6 的工具栏下方有一个"矩形工具" ![icon]，在此工具上方长按鼠标左键或者鼠标单击右键，会弹出此工具的子工具菜单，如图 2-31 所示。其中"椭圆工具"是常用的基础工具，而"多边形工具" ![icon] 可以快速创建一些特殊的形状。

图 2-31　形状工具

1. 椭圆工具

1) "椭圆工具"的基本操作

"椭圆工具" ![icon] 作为形状工具的基础工具之一，常用来绘制正圆或椭圆。选中"椭圆工具"后，按住鼠标左键在画布中拖动，即可创建一个椭圆，如图 2-32 所示。

图 2-32　创建椭圆

使用"椭圆工具"创建图形时，有些技巧，具体如下：

(1) 按住 Shift 键的时候同时拖动，可以创建一个正圆。

(2) 按住 Alt 键的同时拖动，可以创建一个以单击点为中心的椭圆。

(3) 按住 Alt + Shift 组合键的同时拖动鼠标，可以创建一个以单击点为中心的正圆。

(4) 选中"椭圆工具"后，在画布中单击鼠标左键，会弹出"创建椭圆"对话框，可以自定义宽度值和高度值，如图 2-33 所示。

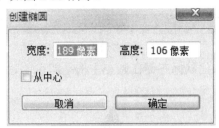

图 2-33　"创建椭圆"对话框

2）椭圆工具选项栏

"椭圆工具" 选项栏如图 2-34 所示。

图 2-34　"椭圆工具"选项栏

其中，常用的一些选项如下：

（1）形状：单击【形状】右侧的 ⬍ 按钮，其中包含形状、路径和像素三个选项，如图 2-35 所示：

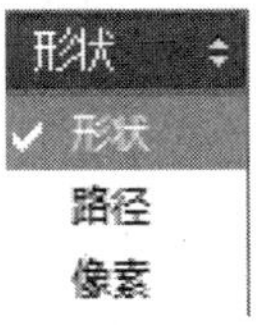

图 2-35　形状下拉列表

（2）填充：单击此按钮，可以在弹出的下拉面板中设置填充颜色，如图 2-36 所示。

（3）描边：单击此按钮，可以在弹出的下拉面板中设置描边颜色。

（4）3 点：用于设置描边的宽度，数值越大，描边宽度越大。

（5）：单击此按钮，可以在弹出的下拉面板中设置描边、端点及角点的类型，如图 2-37 所示。

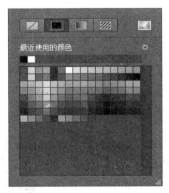

图 2-36　填充设置

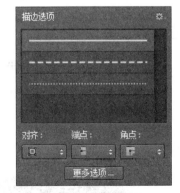

图 2-37　描边设置

2．多边形工具

"多边形工具"⬡ 默认的是正五边形，但是可以通过其选项栏自定义多边形的边数，如图 2-38 所示。

图 2-38　"多边形"选项栏

在"边"中输入 3 后，按住鼠标左键在画布中拖动即可创建一个等边三角形，如图 2-39 所示。

图 2-39　创建等边三角形

此外，使用"多边形工具"还可以创建星形。具体步骤为：在选项栏的"边"中输入数字 5，然后单击选项栏中的 按钮，会弹出如图 2-40 所示的下拉面板，勾选其中的"星形"复选框，按住鼠标左键在画布中拖动即可绘制星形，如图 2-41 所示。

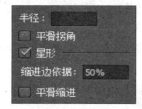

图 2-40　下拉面板　　　　　　　　图 2-41　星形

此外，在图 2-40 所示的下拉面板中可以勾选"平滑拐角"或"平滑缩进"选项，效果分别如图 2-42(a)和图 2-42(b)所示。

(a) 平滑拐角星形　　　　　　　(b) 平滑缩进星形

图 2-42　绘制星形

2.4.2　钢笔工具

"钢笔工具" 是绘制自定义形状或路径的常用工具。选择"钢笔工具"，在其选项栏中设置相应的模式，即可在画布中绘制形状或路径，如图 2-43 和图 2-44 所示。

钢笔工具视频讲解

图 2-43　绘制形状

图 2-44 绘制路径

使用"钢笔工具"绘制形状时既可以绘制直线也可以绘制曲线。

1) 绘制直线

选择"钢笔工具",在画布中单击,创建第一个锚点,在其他位置再次单击,会在两个锚点之间形成一条直线,如图 2-45 所示。另外,在创建直线的时候,按住 Shift 键不放,可以绘制水平、垂直或者 45° 倍数的斜线段。

2) 绘制曲线

使用"钢笔工具"绘制曲线时,可以通过单击并拖动鼠标的方法直接创建曲线。这样会在锚点之间形成一条曲线,如图 2-46 所示。

图 2-45 绘制直线   图 2-46 绘制曲线

使用"钢笔工具"创建曲线时,按住 Ctrl 键不放,会将"钢笔工具"暂时变为"直接选择工具" ![箭头]，可以调整曲线的弧度。

2.5 创 建 文 字

在图像设计中,文字的使用非常广泛。Photoshop CS6 提供了四种输入文字的工具,分别是"横排文字工具" ![T]、"直排文字工具" ![IT]、"横排文字蒙版工具" ![T] 和"直排文字蒙版工具" ![花]。如图 2-47 所示。

图 2-47 文字工具

2.5.1 文字工具选项栏

选择"横排文字工具",其选项栏如图 2-48 所示,在该选项栏中可以设置文字的字体、字号和颜色等信息。

图 2-48　"横排文字工具"选项栏

其中，对各个选项的具体说明如下：

(1)【切换文本取向】按钮：可以将输入好的文字在水平方向和垂直方向之间切换。

(2)【设置文字系列】宋体：单击其右侧的下拉按钮，能够进行文字字体的选择。

(3)【设置字体大小】14点：单击其右侧的下拉按钮，能够选择文字的字体大小，也可以直接在文本框中输入字体大小的数值。

(4)【设置消除锯齿的方式】：用来设置是否消除文字的锯齿边缘，以及用什么方式消除文字的锯齿边缘。

(5)【设置文本对齐】按钮：用来设置文字的对齐方式。

(6)【设置文本颜色】按钮：单击此按钮将弹出"拾色器(文本颜色)"对话框，用来设置文字的颜色。

(7)【创建文字变形】按钮：单击此按钮将弹出"变形文字"对话框，能够选择文字的变形形状并设置弯曲和扭曲程度，如图 2-49 所示。如选择扇形则文字将按扇形排列，如图 2-50 所示。

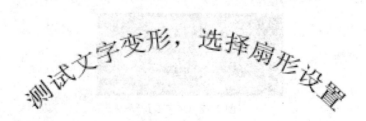

图 2-49　设置文字变形

图 2-50　扇形文字

(8)【切换字符和段落面板】按钮：单击此按钮将调出"字符"和"段落"面板；

能够对文字和段落进行设置，如图 2-51 所示。

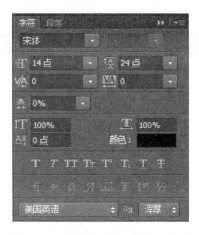

图 2-51　"字符"和"段落"面板

2.5.2　创建文字

使用"文字工具"可以在图像中输入文本或者创建文本形状的选区。下面将通过使用"横排文字工具"创建点文本和段落文本来学习文字工具的基本操作。

1. 输入点文本

打开一张素材图片，选择"横排文字工具"，在选项栏中设置各项参数，如图 2-52 所示。在图像编辑窗口单击鼠标左键，会出现一个闪烁的光标，表示进入文本编辑状态，可以在窗口输入文字，如图 2-53 所示。输入完文字后，单击选项栏中的【提交当前所有编辑】按钮 ，完成文字的输入，如图 2-54 所示。

图 2-52　"横排文字工具"选项栏

图 2-53　文字输入　　　　　　　　　　　　图 2-54　完成文字输入

2. 输入段落文本

打开素材图片，选择"横排文字工具"，在选项栏中设置各项参数，如图 2-55 所示。在画布上按住鼠标左键并拖动，创建一个定界框，其中会出现一个闪烁的光标。如图 2-56

所示。在定界框中可以输入文字，如图 2-57 所示。输入完毕提交段落文字的输入，如图 2-58 所示。

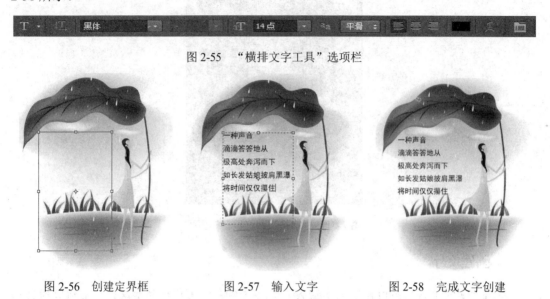

图 2-55　"横排文字工具"选项栏

图 2-56　创建定界框　　　　　图 2-57　输入文字　　　　　图 2-58　完成文字创建

3. 设置文字属性

在 Photoshop CS6 中，提供了专门的"字符"面板和"段落"面板用于对文字属性和段落属性进行细节上的调整。执行"窗口"→"字符"命令，即可弹出"字符"面板。在此面板中可以对字体的样式、行距、间距等进行相关调整，如图 2-59 所示。在"字符"面板中点击"段落"或者执行"窗口"→"段落"命令，可以调出"段落"面板，在此面板中可以对文字段落进行相关属性的设置，如对齐方式，段前段、后间距，首行缩进等，如图 2-60 所示。

图 2-59　"字符"面板　　　　　　　图 2-60　"段落"面板

2.6　图层和图层样式

使用 Photoshop 制作图像时，通常将图片的不同部分分层存放，每一层成为一个"图层"，所有图层组合成复合图像。多图层图像的最大优点是可以单独处理某个元素，而不会影响图像中的其他元素。

2.6.1 图层的基本操作

1. 创建新图层

使用 Photoshop CS6 创建图层一般有以下两种方法：

(1) 单击"图层"面板下方的【创建新图层】按钮 ，即可创建一个图层，如图 2-61 所示。

(2) 按 Ctrl + Shift + Alt + N 组合键可在当前图层的上方创建一个新图层。

图 2-61　创建新图层

2. 删除图层

为了尽可能地减小图像文件的大小，可以将一些不需要的图层进行删除。删除图层的方式有以下几种：

(1) 选择需要删除的图层，将其拖动到"图层"面板下方的【删除图层】按钮 上，即可删除此图层，如图 2-62 所示。

图 2-62　删除图层

(2) 选择图层，按 Delete 键即可删除选择的图层。

(3) 执行"文本"→"脚本"→"删除所有空图层"命令，即可删除所有未被编辑过的空图层。

3. 隐藏和显示图层

制作图像时，为了便于图像的编辑，经常需要隐藏或显示一些图层，具体方法如下：

单击图层缩略图前的"指示图层可见性"图标 ，即可显示或者隐藏相应的图层。显示 👁 的图层为可见图层，不显示 👁 的图层为隐藏图层。

2.6.2 图层样式

"图层样式"是制作图形效果的重要手段之一，它能够通过简单的操作，迅速将平面图像转化为具有材质和光影效果的立体图形。

1. 添加图层样式

为图层中的图形添加合适的图层样式，有助于增强图形的表现力。如果要为图形添加"图层样式"，需要先选中该图层，然后单击"图层"面板下方的【添加图层样式】按钮 **fx.**，在弹出的菜单中选择一个效果命令，如图 2-63 所示。

图层样式视频讲解

图 2-63 "图层样式"菜单

此时，会弹出"图层样式"对话框。对话框分为三个部分：左侧为"样式"选择区域；中间为相应"样式"的参数设置区域；右侧为"样式"预览及确定区域，如图 2-64 所示。

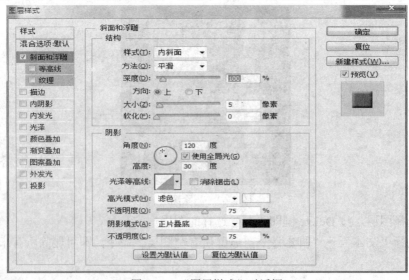

图 2-64 "图层样式"对话框

在此对话框中可以为选择的图层设置多种图层样式，并调整相应样式的属性，使图像具体立体和光效等效果。

此外，添加"图层样式"的方法还有其他三种，具体操作如下：

(1) 执行"图层"→"图层样式"→"混合选项"命令，可以弹出"图层样式"对话框。

(2) 双击需要添加图层样式的图层的空白处，将弹出"图层样式"对话框。

(3) 在需要添加图层样式的图层上右击，在弹出的快捷菜单中选择"混合选项"命令也可以弹出"图层样式"对话框。

2. 图层样式的种类

Photoshop CS6 提供的图层样式中共有 10 种，分别是"斜面和浮雕""描边""内阴影""内发光""光泽""颜色叠加""渐变叠加""图案叠加""外发光"和"投影"。下面具体介绍常用的几种图层样式的设置。

1) 斜面和浮雕

"斜面和浮雕"效果可以为图形添加高光与阴影的各种组合，使图像对象内容呈现立体的浮雕效果。在"图层样式"对话框中选择"斜面和浮雕"，即可切换到"斜面和浮雕"参数设置面板，如图 2-65 所示。

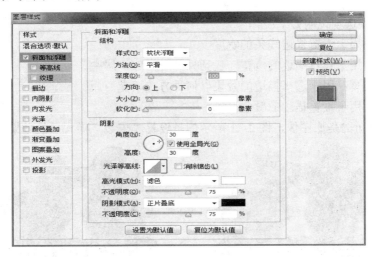

图 2-65　"斜面和浮雕"参数设置

其中，主要选项的说明如下：

(1) 样式：在下拉列表中选择不同的斜面和浮雕样式，可以得到不同的效果。

(2) 方法：用来选择一种创建浮雕的方法，图形将呈现出不同的雕刻效果。

(3) 深度：用来设置浮雕斜面的应用深度，数值越高，浮雕的立体性越强。

(4) 角度：用于设置光源的角度。

图 2-66、图 2-67 和图 2-68 所示的分别为原图像效果、添加"内斜面"样式的效果以及添加"枕状浮雕"样式的效果。

图 2-66　原图像　　　　　图 2-67　"内斜面"效果　　　　图 2-68　"枕状浮雕"效果

2) 描边

"描边"效果可以使用颜色、渐变或者图案勾勒图形对象的轮廓，在图形对象的边缘产生一种描边的效果。在"图层样式"对话框中选择"描边"复选框，即可切换到"描边"参数设置面板，如图 2-69 所示。

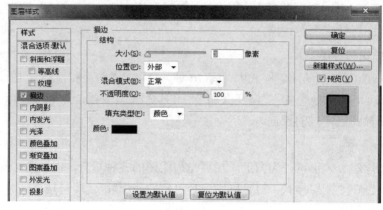

图 2-69　"描边"参数设置

其中，主要选项说明如下：

(1) 大小：用于设置描边线条的宽度

(2) 位置：用于设置描边的位置，包括外部、内部、居中。

(3) 填充类型：用于选择描边的效果以何种方式填充。

(4) 颜色：用于设置描边的颜色。

图 2-70 所示的是原图像，图 2-71 所示的是设置"描边"样式后的效果。

图 2-70　原图像　　　　　　　图 2-71　"描边"效果

3) 投影和内阴影

"投影"效果是在图像背后添加阴影，使其产生立体感。在"图层样式"对话框中选择"投影"复选框，即可切换到"投影"参数设置面板，如图 2-72 所示。

其中，主要选项说明如下：

(1) 混合模式：用于设置阴影与下方图层的色彩混合模式，默认为"正片叠底"。单击右侧色块，可以设置阴影的颜色。

(2) 不透明度：用于设置阴影的不透明度，数值越大，阴影颜色越深。

(3) 角度：用于光源照射的角度，角度不同，阴影的位置也不同。

(4) 距离：用于设置投影与图像的距离，数值越大，投影越远。

(5) 大小：用于设置阴影的大小，数值越大，阴影越大。

　　"投影"效果是从图像背后产生的阴影，而"内阴影"则是在图像前面内部边缘位置添加阴影，使其产生凹陷效果。图 2-73 所示的为原图像，对其添加"投影"效果后的效果如图 2-74 所示，添加"内阴影"后的效果如图 2-75 所示。

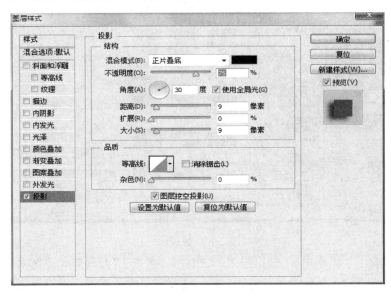

图 2-72　"投影"参数设置

图 2-73　原图像　　　　　　图 2-74　"投影"效果　　　　　图 2-75　"内阴影"效果

2.7　应 用 滤 镜

　　滤镜是 Photoshop CS6 中最具吸引力的功能之一，能让普通的图像呈现出令人惊叹的视觉效果。滤镜不仅用于制作各种特效，还能模拟素描、油画、水彩等绘画效果。

2.7.1　滤镜库

　　滤镜库是整合多个滤镜组的对话框，用 Photoshop CS6 打开一张图片，执行"滤镜"→"滤镜库"命令，将弹出"滤镜库"对话框。对话框左侧是预览区，中间是六组可选的滤镜，右侧是参数设置区域，如图 2-76 所示。

滤镜使用视频讲解

图 2-76　滤镜库

滤镜库包含了"风格化""画笔描边""扭曲""素描""纹理"和"艺术效果"六组滤镜，其中每一组滤镜下又包含多种滤镜效果，选择想要的滤镜就可以设置该滤镜的各个参数，达到不同的滤镜效果。

2.7.2　"风格化"滤镜

"风格化"滤镜通过设置图像像素并查找和增加图像中的对比度，能够产生不同的作画风格效果。"风格化"滤镜组中包含九种不同风格的滤镜，这里介绍最常用的"风"滤镜。

"风"滤镜可以使图像产生细小的水平线，以达到各种"风"的效果。打开素材图片，如图 2-77 所示。执行"滤镜"→"风格化"→"风"命令，弹出"风"对话框，如图 2-78 所示。在此对话框中，可以设置"风""大风""飓风"三种风的作用形式，还可以设置风源的方向，包括"从左"和"从右"两个选项，设置完相关参数后单击【确定】按钮，"风"效果如图 2-79 所示。

图 2-77　原图像　　　　　图 2-78　"风"对话框　　　　　图 2-79　"风"效果

2.7.3　"液化"滤镜

"液化"滤镜具有强大的变形及创建特效的功能。执行"滤镜"→"液化"命令，弹出"液化"对话框。在对话框右侧选择"高级模式"复选框，如图 2-80 所示。

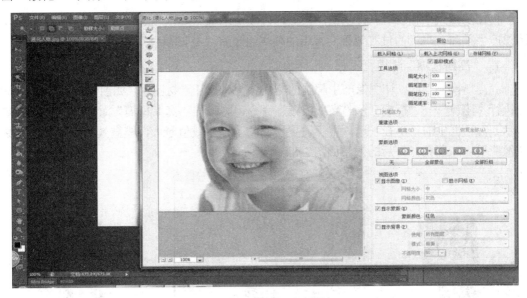

图 2-80　"液化"对话框

选择"向前变形工具"，在右侧的"工具选项"中设置各项参数，将光标置于想变形的图像位置，拖动鼠标，即可对图像进行变形，如图 2-81 所示。

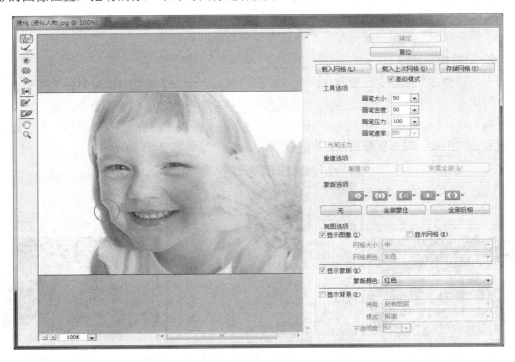

图 2-81　"液化"变形效果

使用"液化"滤镜，可以让图像内容变得如液体效果一般，进而方便对图像进行扭曲和变形操作。"液化"滤镜也常用来完成人物瘦脸瘦身的效果。

2.7.4 "模糊"滤镜

模糊滤镜组中包含 14 种滤镜，它们可以柔化图像、降低相邻像素之间的对比度，使图像产生柔和、平滑的过渡效果，常用的模糊滤镜有"高斯模糊"和"动感模糊"。

1."高斯模糊"滤镜

"高斯模糊"可以让图像产生朦胧的雾化效果。打开素材图片，如图 2-82 所示，对图像执行"滤镜"→"模糊"→"高斯模糊"命令，将弹出"高斯模糊"对话框，如图 2-83 所示。对话框中的"半径"选项用于设置模糊的范围，数值越大，模糊效果越强烈。对原图像应用"高斯模糊"后的效果如图 2-84 所示。

图 2-82　原图像　　　　　图 2-83　"高斯模糊"对话框　　　　图 2-84　"高斯模糊效果"

"高斯模糊"滤镜经常用来实现人物磨皮细腻皮肤的效果。

2.动感模糊滤镜

"动感模糊"滤镜可以使图像产生速度感的效果，类似于拍摄移动对象时的效果。打开素材图像，如图 2-85 所示，执行"滤镜"→"模糊"→"动感模糊"命令，将弹出"动感模糊"对话框，如图 2-86 所示。其中，"角度"用于设置模糊的方向，"距离"用于设置像素移动的距离。对原图像应用"动感模糊"后的效果如图 2-87 所示。

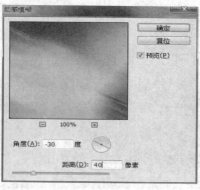

图 2-85　原图像　　　　　图 2-86　"动感模糊"对话框　　　　图 2-87　"动感模糊"效果

2.8　实战——制作蓝色光束

前面已经对 Photoshop CS6 进行了介绍和学习，本节将利用所学知识制作蓝色光束效果，最终效果如图 2-88 所示。

蓝色光束制作
视频教程

图 2-88　蓝色光束效果

制作步骤：

第一步：执行 "文件"→"新建"命令，创建一个宽度为 800 像素，高度为 500 像素的矩形画布，如图 2-89 所示。

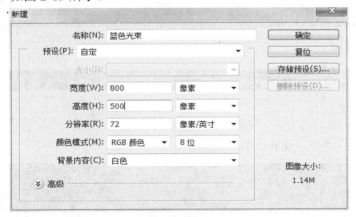

图 2-89　新建文件

第二步：将前景色设置为黑色，按 Alt＋Delete 组合键，填充黑色，如图 2-90 所示。

图 2-90　填充背景色

第三步：新建图层 1，将前景色设置为蓝色(R：36，G：184，B：229)，选择"椭圆选区工具"，按 Shift 键，在画布中间绘制一个正圆选区，并填充蓝色，如图 2-91 所示。

图 2-91　绘制蓝色正圆

第四步：按 Ctrl + D 组合键取消选区，按 Ctrl + T 组合键切换到自由变化状态，先将正圆压扁，如图 2-92 所示，再拉长，如图 2-93 所示，最终形成光线效果，如图 2-94 所示。

图 2-92　压扁蓝色正圆

图 2-93　拉长蓝色正圆

图 2-94　最终效果

第五步：利用相同的方法，绘制三条光线，调整不同光线的细节，如大小和不透明度，将光线进行位置的调整，效果如图 2-95 所示。

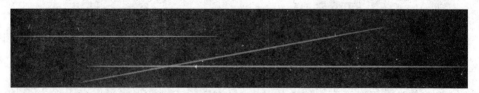

图 2-95　绘制光线

第六步：新建图层 2，选择"椭圆选区工具"，在选项栏中将羽化值设置为"12 像素"，按 Shift 键，拖曳出一个正圆选区，如图 2-96 所示，填充相同的蓝色，按 Ctrl + D 组合键取消选区，效果如图 2-97 所示。

图 2-96　正圆选区

图 2-97　填充蓝色

第七步：按 Ctrl + T 组合键切换到自由变化状态，先将正圆压扁，再拉长，形成光束效果，如图 2-98 所示。复制"图层 2"，调整大小，将复制的内容放到光束中间位置，并将图层混合模式改为"滤色"，形成中间高光位置。效果如图 2-99 所示。

图 2-98　光束效果

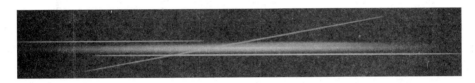

图 2-99　高光效果

第八步：利用相同的方法，多绘制几束光线，并调整位置，使光束更加丰富饱满。效果如图 2-100 所示。

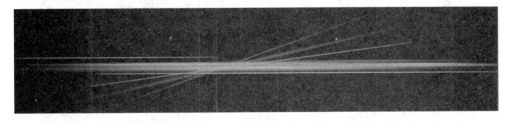

图 2-100　丰富光束

第九步：新建图层 3，选择"椭圆选区工具"，在选项栏中将羽化值设置为"25 像素"，按 Shift 键，拖曳出一个正圆选区，填充"蓝色"，如图 2-101 所示。

图 2-101　羽化蓝色

第十步：按 Ctrl + J 组合键复制"图层 3"，按 Ctrl 键的同时单击缩略图点选出选区，并将选区中心缩小，如图 2-102 所示。将图层混合模式改为"颜色减淡"，效果如图 2-103 所示。

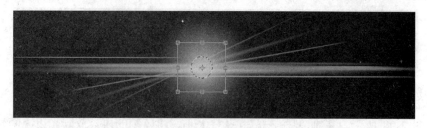

图 2-102　缩小选区

图 2-103　颜色减淡

　　第十一步：新建图层 4，选择"椭圆选区工具"，按 Shift 键，拖曳出一个正圆选区，如图 2-104 所示。在菜单中执行"编辑"→"描边"命令，弹出"描边"对话框，将描边大小设置为"4 像素"，颜色设置为相同的"蓝色"，其他参数如图 2-105 所示。单击【确定】按钮，应用"描边"，效果如图 2-106 所示。

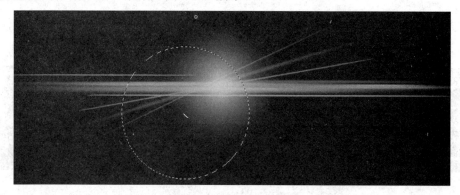

图 2-104　拖曳正圆选区

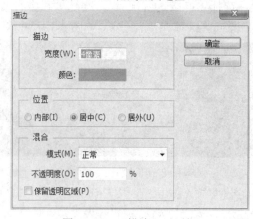

图 2-105　"描边"对话框

图 2-106　"描边"效果

第十二步：在菜单栏中执行"滤镜"→"模糊"→"高斯模糊"命令，在弹出的"高斯模糊"对话框中，将模糊半径设置为 4 像素，如图 2-107 所示。单击【确定】按钮，应用高斯模糊，效果如图 2-108 所示。

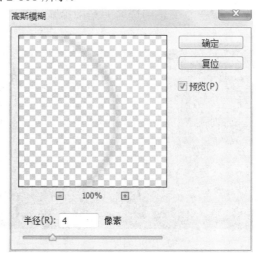

图 2-107　"高斯模糊"对话框

图 2-108　"高斯模糊"效果

第十三步：新建图层 5，选择"椭圆选区工具"，按 Shift 键，拖曳出一个较大的正圆选区，填充相同的"蓝色"，如图 2-109 所示。

图 2-109　较大的蓝色正圆

第十四步：在菜单栏中执行"滤镜"→"模糊"→"高斯模糊"命令，在弹出的"高斯模糊"对话框中，将模糊半径设置为 25 像素，单击【确定】按钮，应用"高斯模糊"。选择"椭圆选区工具"，按 Alt 键在原来正圆选区的基础上减去选区，最终得到月牙状选区，效果如图 2-110 所示。

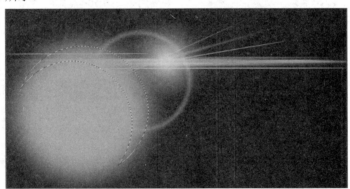

图 2-110　月牙状选区

第十五步：执行 "选择"→"修改"→"羽化"命令，将羽化半径设置为 20 像素，按 Ctrl + J 组合键复制选区内容，将原本的"图层 5"隐藏，形成光晕效果，如图 2-111 所示。

图 2-111　光晕效果

第十六步：利用相同的方法绘制另外的光晕，使光晕看起来具有层次感，效果如图 2-112 所示。同样利用此方法绘制一个半圆形光晕，放置在光晕最外层中间，如图 2-113 所示。

图 2-112　复制光晕

图 2-113　半圆光晕

第十七步：选择"椭圆工具"，按 Shift 键绘制小的正圆得到"椭圆 1"图层，并填充蓝色到黑色的镜像渐变，然后再多复制几个"椭圆 1"图层，并调整复制的图层的大小、不透明度，并移动到合适的位置，形成光圈的立体效果，如图 2-114 所示。至此利用 Photoshop CS6 和相关知识点完成了"蓝色光束"效果的制作。

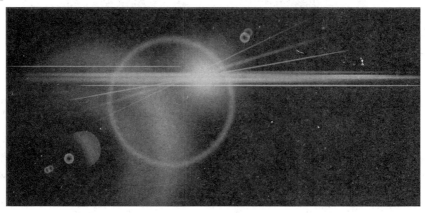

图 2-114　蓝色光束效果

2.9　课后实践练习

实践训练：Photoshop 基础工具使用操作

【实践目标】

熟悉 Photoshop CS 软件的基本工具，掌握重要工具如选区工具的使用及技巧，熟悉特殊效果的制作工具和使用场景。

【实践流程】

(1) 新建合适大小的 Photoshop 文件。

(2) 创建图层并选择适合的工具完成图层内容。

(3) 根据效果图进行效果的完善和补充。

【实践题目】

(1) 利用选区相关知识，完成"微笑气泡"效果。效果图如图 2-115 所示。

图 2-115　微笑气泡

(2) 利用液化滤镜，完成人物瘦脸效果。原图如图 2-116 所示(素材图片请到随书资源"ch02/资源"文件夹下找"人物.jpg"文件)，瘦脸效果如图 2-117 所示。

图 2-116　原图像　　　　　　图 2-117　瘦脸效果

习题答案

第 3 章　网页图片的处理

【学习目标】

- 掌握几种常见的抠图工具及方法。
- 掌握图像的合成方法。
- 熟悉几种常用的图像输出格式。
- 熟练掌握创建与编辑切片。

3.1　几种常见的抠图工具

抠图工具使用
视频讲解

3.1.1　魔棒工具

1. 工具介绍

"魔棒工具"作为基本的构建选取工具，可以通过区分颜色和色调，快速对色彩和色调相近的区域进行选择。在图 3-1 所示的"魔棒工具"选项栏中，对容差值的设定可以控制选择范围，容差值越大其选定范围越大。勾选"连续"选项时，所选区域即为连续的，非"连续"状态时，会选择所有颜色相近的区域。"魔棒工具"适用于抠取颜色或者背景颜色比较单一的图像。

| 取样大小：取样点 | 容差：10 | ☑消除锯齿 | ☑连续 | ☐对所有图层取样 | 调整边缘... |

图 3-1　"魔棒工具"选项栏

2. 制作步骤举例

如图 3-2 所示，对素材中的建筑物进行抠图。

图 3-2　导入素材

第一步：设置容差值为"10"，连续选项为"非勾选"，单击蓝色背景，即为选中部分背景区域，如图 3-3 所示。

图 3-3 选中部分背景

第二步：对未选中的背景区域进行加选，方法为长按 Shift 键，单击未选中的背景区域，重复操作直至所有背景区域加选完毕，松开鼠标，如图 3-4 所示。

图 3-4 确定选区

第三步：单击菜单栏中的"选择"→"反向"命令(或按 Ctrl + Shift + I 组合键)，即为选中所需的区域，如图 3-5 所示。

图 3-5 反选确定所需区域

第四步：复制(按 Ctrl＋J 组合键)第三步中选中的区域，得到透明背景的新图层，抠图步骤完成，如图 3-6 所示。

图 3-6　抠图步骤完成

3.1.2　钢笔工具

1. 工具介绍

有时根据需求，需要将图片中的某一部分抠出来用于其他目的，尤其对于内容丰富的图片，通常采用钢笔工具来实现更加完美的抠图效果。在使用钢笔工具进行曲线绘制时，可以根据情况长按 Ctrl 键改变路径曲线的弧度，使其更贴近图片。

2. 制作步骤举例

如图 3-7 所示，对素材中的人物进行抠图。

钢笔工具
视频讲解

图 3-7　导入素材

第一步：选择"钢笔工具"，将工具模式设置为"路径"，并将图像放大至 300%(按 Ctrl＋+组合键)，如图 3-8 所示。

第二步：使用"抓手工具"将图片拖动至锚点起始的位置处，点击"钢笔工具"，将鼠标移动至锚点开始的地方单击，创建第一个锚点，如图 3-9 所示。

图 3-8　放大图片

图 3-9　创建第一个锚点

第三步：在新锚点附近创建第二个锚点，并同时按住鼠标左键进行拖动，调整曲线路径的弧度，使路径曲线更加贴近图形边缘，如图 3-10 所示。

第四步：重复第三步，直到围绕整个图像形成闭合的路径曲线，最后的效果如图 3-11 所示。

图 3-10　建立平滑点

图 3-11　绘制路径

第五步：在"路径"面板上点击图 3-12 箭头所示下拉按钮，在下拉菜单中选择"建立选区"，在弹出的对话框中设置羽化半径为"2"，单击【确定】按钮，路径即转化为选区，如图 3-13 所示。

图 3-12　"路径"面板

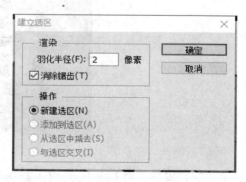
图 3-13　"建立选区"对话框

第六步：按 Ctrl + J 组合键，复制图像得到新图层，如图 3-14 所示，抠图成功。

图 3-14　抠图效果

3.1.3　通道抠图

1. 工具介绍

在图像处理过程中，"通道"作为一种高级功能在调色中占据着重要的作用，在颜色通道中存储图像的色彩，通过"色彩"和"曲线"对话框进行调色。此外，通道也被广泛应用在抠图中。

2. 制作步骤举例

如图 3-15 所示，对素材中的云朵进行抠图。

通道抠图视频讲解

图 3-15　素材

第一步：复制图像按(Ctrl + J 组合键)得到新图层，如图 3-16 所示，执行主菜单中的"窗口"命令在下拉框中选择"通道"，打开"通道"面板，拖动"通道"面板至合适位置。

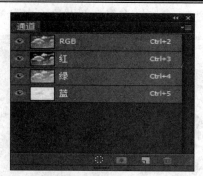

图 3-16　"通道"面板

　　第二步：选择红色通道，按 Ctrl＋M 组合键出现"曲线"对话框，如图 3-17 所示，拖动曲线，使其输入值为"125"，输出值为"40"，单击【确定】按钮，得到图 3-18 所示效果。

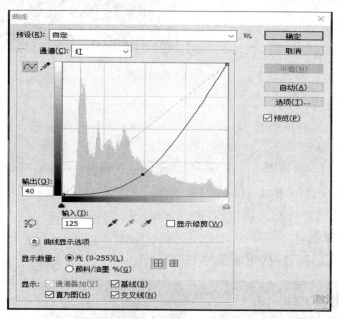

图 3-17　"曲线"对话框

图 3-18　调整之后效果

第三步：再次选择红色通道，并单击"通道"面板下方的【将通道作为选区载入】按钮，出现红色通道的选区，效果如图3-19所示。

图3-19　红色通道选区

第四步：选择RGB通道，转换至"图层"面板，对按Ctrl＋J组合键"图层1"进行复制，呈现出最后的效果图，成功抠出云彩，如图3-20所示。

图3-20　抠图效果

第五步：将蓝天草地背景图拖入当前工作区域，如图3-21所示，调整其大小与"图层1"一致，并将其置于云彩图层之下，如图3-22所示，将抠出来的云彩与背景图进行融合。

图3-21　置入背景图

图 3-22　合成云彩与背景图

　　第六步：选中图层 2，按 Ctrl + T 组合键对云彩的大小和位置进行调整，如图 3-23 所示，在工具箱中选择"橡皮擦工具"，具体设置如图 3-24 所示，用橡皮擦将图 3-23 中图层的交接处进行擦除，使云彩自然融入到蓝天中，效果如图 3-25 所示。

图 3-23　调整云彩大小位置

图 3-24　设置"橡皮擦工具"的参数

图 3-25　最后效果图

3.2　图像的合成

Photoshop CS6 的强大之处不止在于绘制图标以及图像的制作，在图像处理中，可以通过各种工具的综合使用，将不同的图像合成为具有特殊效果的图像。本节中，通过将建筑、草地以及道路汽车图像合成为一个最终图像的过程，介绍图像合成中的工具使用以及图像合成的方法技巧。

图像合成视频讲解

3.2.1　合成建筑与草地图像

合成建筑与草地图像的制作步骤举例如下：

第一步：准备素材，建筑素材如图 3-26 所示，草地素材如图 3-27 所示。

图 3-26　建筑素材

图 3-27　草地素材

第二步：将草地图像拖入当前画布界面，如图 3-28 所示，继续拖入建筑图像，如图 3-29 所示，按 Enter 键确定选区，将草地图层隐藏，如图 3-30 所示。

图 3-28　拖入草地素材

图 3-29　添加建筑素材到画布

图 3-30　隐藏草地背景

　　第三步：选中建筑物所在的图层，对建筑进行抠图，抠图工具选择"钢笔工具"，并且为方便抠图，将图像放大，如图 3-31 所示。确定建筑物大小之后，用"钢笔工具"进行描点，如图 3-32 所示。

图 3-31　放大建筑物图像

图 3-32　描点绘制路径

　　第四步：封闭路径，执行"路径"→"建立选区"命令，设置羽化半径为"2 像素"，如图 3-33 所示，单击【确定】按钮，结果如图 3-34 所示，选区建立成功。在"图层"面板新建图层(按 Shift + Ctrl + Alt + N 组合键)，如图 3-35 所示，新建"图层 1"。选中建筑图层进行复制(按 Ctrl + C 组合键)，然后选中"图层 1"进行粘贴(按 Ctrl + V 组合键)，抠图成功，效果如图 3-36 所示。

图 3-33　建立选区

图 3-34　选区建立成功

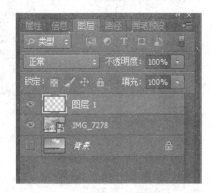

图 3-35　新建图层

图 3-36　建筑抠图成功

第五步：取消草地背景的隐藏，选中"图层 1"，按 Ctrl + T 组合键调出界定框，将建筑物等比例缩小，并将其移动至树丛后，效果如图 3-37 所示。

图 3-37　调整建筑物的大小和位置

第六步：在工具箱中选择"橡皮擦工具"，如图 3-38 所示，设置橡皮擦参数，如图 3-39 所示。对建筑和树丛边界部分进行擦除，使建筑物的位置呈现位于小树丛之后，被小树丛刚好掩盖了一部分的视觉效果，最后效果如图 3-40 所示。

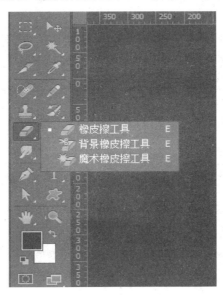

图 3-38　橡皮擦工具

图 3-39　设置橡皮擦工具参数

图 3-40　建筑物与树丛合成效果

3.2.2　合成车和草地图像

合成车和草地图像的制作步骤举例如下：

第一步：继续将车和道路图像素材拖入到画布中，将其他图层隐藏，如图 3-41 所示，在合成图像之前，需要先将图像中的道路和车一起抠出来。

图 3-41　车和道路素材图像拖入画布

第二步：按 Ctrl + "+"组合键将图像放大，如图 3-42 所示，使用 3.1.2 节所学的"钢笔工具"编辑锚点绘制闭合路径，点击"路径"面板选择"建立选区"，设置羽化半径为 2 像素，如图 3-43 所示。选区建立完毕，即可对选区进行移动，如图 3-44 所示。

图 3-42　放大图像

图 3-43　建立选区

图 3-44　确定选区

　　第三步：按 Shift + Ctrl + Alt + N 组合键新建图层，然后选中新建图层，再按 Ctrl + C 组合键进行复制，最后按 Ctrl + V 组合键进行粘贴，将选区复制到新的图层，如图 3-45 所示。

图 3-45　复制选区

第四步：将第一步中合成好的图像进行显示，使抠图出来的道路和车出现在画布中，如图 3-46 所示，选择车所在图层，按 Ctrl + T 组合键调整车和道路的大小，如图 3-47 所示。大小调整完毕后，将车和道路置于右下角的位置，使合成的图像看起来协调一致，如图 3-48 所示。

图 3-46　集合所有素材

图 3-47　调整车和道路的大小

图 3-48　调整车和道路的位置

　　第五步：处理马路与草地交界处，使其统一协调，选择工具箱中的"多边形套索工具"，如图 3-49 所示，在不和谐的边界处绘制一个三角形，如图 3-50 所示，按 Enter 键删除选区中多余的道路部分，删除之后按 Ctrl + D 组合键取消选区，使边界融合为一体，如图 3-51 所示。

图 3-49　"多边形套索工具"

图 3-50　用"多边形套索工具"绘制选区

图 3-51　融合草地和道路的边界处

　　第六步：根据车、草地、建筑的比例关系，对合成图像中的各个部分做最后调整，调整之后的最后效果如图 3-52 所示。

图 3-52　最后合成效果图

3.3　图像的输出格式

1. PSD

　　在 Photoshop CS6 图像处理中，支持 20 多种文件保存格式，默认的格式为 PSD，它能支持 Photoshop 的全部信息：Alpha 通道，专色通道，多图层，路径和剪贴路径，还支持 Photoshop 使用的任何颜色深度和图像模式。由于 PSD 格式可以保存作品的创建过程，因此常用于设计的再次修改。PSD 格式拥有良好的兼容性，但也正是因为其保存了大量信息，导致其保存需要较大的存储空间。在实际应用中，根据具体的情况，用户可以将图像存储为需要的格式。下面着重介绍几种常用图像格式。

2. JPEG

JPEG 实际上应该被称为 JFIF(JPEG File Interchange Format)，但人们一般将其简称为 JPEG。此格式是有损压缩，可调节其压缩量而改变文件的大小，因此，与 GIF 格式一样通常被 Web 应用。JPEG 不支持α 通道，也不支持透明图像，但支持路径；支持 RGB 模式，同时也支持 CMYK 模式。JPEG 格式适用于色调连续的图像或相片图像。

JPEG 保存图像时可选择压缩量，压缩量越小，图像质量越好。在保存该格式时还有以下选项：基线(标准)，表示生成的文件可被所有的浏览器接受；基线已优化，表示生成的文件较小，但有的程序不接受；连续，表示生成的文件较大，可选择扫描次数，载入时能分级逐渐显示，但不是所有的浏览器都支持。在网页制作过程中，横幅广告、大的插图或者商品的图片都可以被保存为 JPEG 格式。

3. GIF

GIF 是 Graphics Interchange Format(图形交换格式)的缩写，目前 Internet 上大量使用的彩色动画文件大多为 GIF 格式。因为 GIF 图像文件占用空间小且下载速度快，可以使用许多具有同样大小的图像文件制作成动画效果。

GIF 格式作为目前较为重要的图像格式之一，其重要地位来自于在 Web 上的广泛应用。GIF 属于索引模式，也是一种无损压缩格式，共 256 种颜色，其包含信息量小，在 Web 上下载速度快。GIF 支持 α 通道，因此可以在 Web 上形成透明的图像。GIF 格式支持隔行扫描，还增加了渐显方式，因此图像在传输过程中，用户可以先看到图像的大致轮廓，然后随着传输过程的继续逐步看清图像中的细节部分，从而使图像逐渐从模糊转为清晰。

4. PNG

PNG (Portable Network Graphics)格式是继 JPEG 与 GIF 之后兴起的一种网络图像格式，与 JPEG 一样，PNG 格式也属于无损压缩网页格式。1994 年底，由于 Unysis 公司宣布 GIF 拥有专利的压缩方法，要求开发 GIF 软件的作者须缴纳一定的费用，由此促使了免费的 PNG 图像格式的诞生。PNG 一出现就结合了 GIF 及 JPG 两种格式的优点，存储形式丰富，兼具 GIF 和 JPG 的色彩模式。

PNG 格式可以将图像文件压缩至极限以便于在网络上进行传输，同时还能保存所有与图像品质相关的信息，PNG 采用无损压缩方式来减小文件的大小，与牺牲图像品质从而得到高压缩率的 JPG 格式是不一样的。PNG 显示速度非常快，仅需下载 1/6 的图像信息就能显示出低分辨率的预览图像。此外，PNG 支持透明图像，透明图像在制作网页图像时非常有用，可以将图像背景设置成透明，然后用网页本身的颜色信息取代设置为透明的颜色，这种操作可以让图像和网页背景和谐地融合在一起。当然，PNG 格式除了优点之外也有其缺点，PNG 不支持动画应用的效果，因此不能取代 GIF 和 JPEG，而且这种格式也不能适用于所有的浏览器。目前 Fireworks 软件采用的默认格式就是 PNG，越来越多的软件已经开始支持此格式，相信在不久之后 PNG 将会成为网页使用中的一种标准图像格式。

5. BMP

BMP(Bitmap)即“位图”的意思，是 Windows 操作系统中的标准图像文件格式，很多 Windows 应用程序都支持 BMP 格式。Windows 操作系统的流行和众多 Windows 应用程序的开发，推动了 BMP 格式的广泛应用。其特点是包含的图像信息比较丰富，支持 1～24 位的颜色深度，可采用 RGB、灰度、索引颜色等，几乎不能保留 Alpha 通道信息，基本上不会对图像进行压缩，也因此导致这种格式文件占用较多磁盘空间。目前 BMP 格式大多用于单机中。

以上介绍的几种图像格式可以在具体输出时通过"四联对比框"进行比较，通过"文件"→"存储为 Web 所用格式"命令可调出该对话框，如图 3-53 所示。此工具可以帮助用户确定输出的图像质量，在图像质量和文件大小之间做出平衡，用户可以根据需求选择所需要的存储格式。

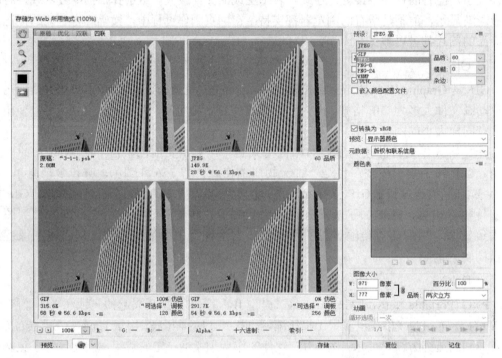

图 3-53　"四联对比框"

6. TIFF

TIFF(Tag Image File Format)格式主要用于不同应用程序和计算机平台中的文件交换，是 MAC 中广泛使用的图像格式之一。它由 Aldus 和微软联合开发，最初目的是用于跨平台存储扫描图像，发展到现在，大部分绘画和图像编辑以及页面版式的应用程序都支持这种格式文件。TIFF 可以保存图层、通道和路径信息，在其他应用程序中，保存的图层会被合并，只有在 Photoshop 中打开才能对图层进行修改编辑。TIFF 的特点是图像格式复杂、存储信息多，因此图像的质量得到提高。目前在 MAC 和 PC 上移植 TIFF 文件十分便捷，因此 TIFF 也是微机上使用最广泛的图像文件格式之一。

7. AI

AI 格式是 Adobe Illustrator 软件特有的图像格式，是一种矢量图形存储格式。Photoshop 中的图像可以保存为 AI 格式，在常用的矢量图形软件 (Illustrator、CoreDraw)中可以直接打开文件进行编辑和修改。

3.4　快速制作 Web 文件

如果一张图片的像素或者占用内存太大，可以对其进行切割或者存储为 Web 所用格式，用户访问网页时才能快速地打开图片。本节主要介绍如何将图片存储为 Web 所用格式。

具体的制作步骤举例如下：

第一步：启动 Photoshop CS6 软件，打开要进行切割的图片。选择工具箱中的"切片工具"，如图 3-54 所示。

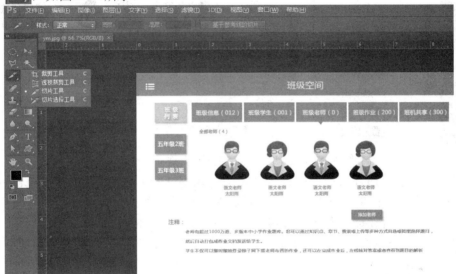

图 3-54　载入素材，选择"切片工具"

第二步：进行选区绘制，将网页中的元素进行切割，以便于对单个小图片进行优化，对于不需要的切片，右击选区内部，选择"删除切片"即可。切割之后的效果如图 3-55 所示。

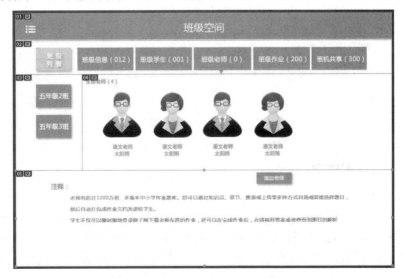

图 3-55　切割网页元素

第三步：选中选区 3，右击选择"编辑切片选项"，如图 3-56 所示，进入"切片选项"对话框对切片进行各项信息设置。

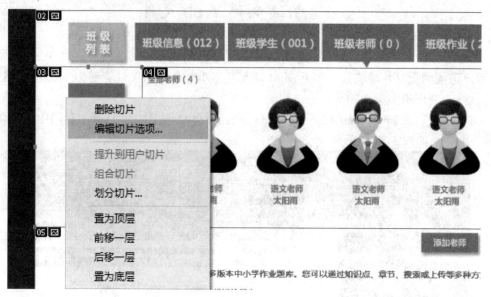

图 3-56　选择切片进入"编辑切片选项"对话框

第四步：在"切片选项"中进行各项信息填写，"切片类型"选择"图像"；"名称"会默认为"文档名 + 切片编号"；"URL"中所填写的地址栏的作用是在页面单击图像时跳转的页面地址，本例中设置其为 http://www.baidu.com；"目标"选项设置为"blank"，即一个空白帧，因此在单击图像时会保留当前页面，切换到另外一个页面，如图 3-57 所示。

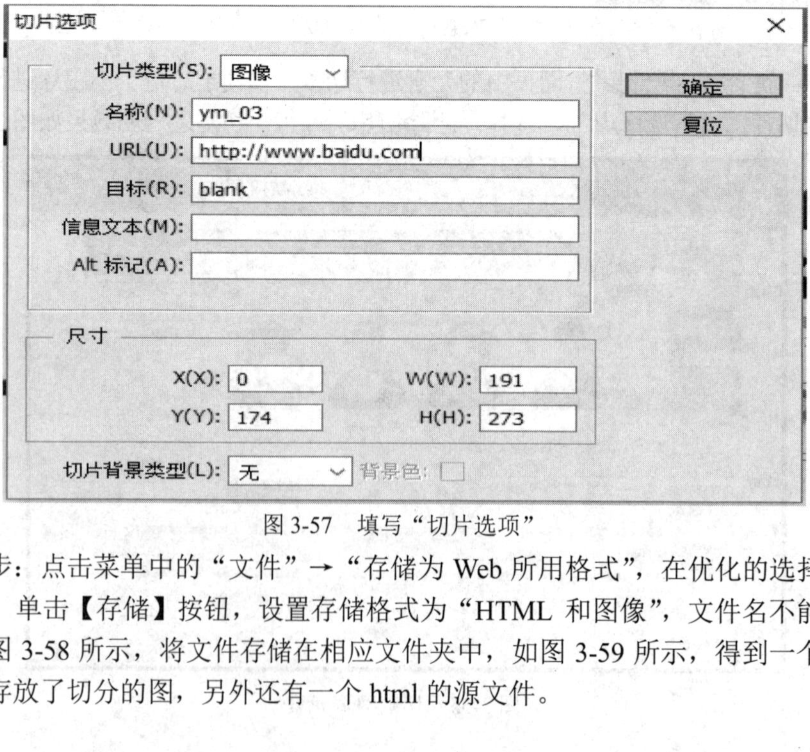

图 3-57　填写"切片选项"

第五步：点击菜单中的"文件"→"存储为 Web 所用格式"，在优化的选择格式中选择"GIF"，单击【存储】按钮，设置存储格式为"HTML 和图像"，文件名不能包含中文字符，如图 3-58 所示，将文件存储在相应文件夹中，如图 3-59 所示，得到一个切图文件夹，里面存放了切分的图，另外还有一个 html 的源文件。

图 3-58　设置存储信息

图 3-59　切图和源文件

第六步：点击源文件，如图 3-60 所示，鼠标移动至"切片 ym_03"，鼠标呈现手状，点击图片，跳转到 http://www.baidu.com 页面，同时保留了原页面。

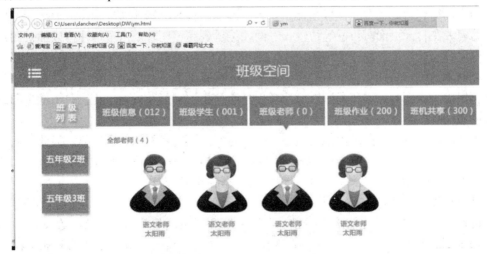

图 3-60　URL 实现页面跳转

第七步："信息文本"中设置的文字即为鼠标移动到图片上方时，状态栏中显示的信息，本案例中设置"信息文本"为"http://www.baidu.com"；当用户把鼠标移到图像上方时，浏览器会在一个文本框中显示"ALT 标记"中设置的描述性文本，效果如图3-61 所示。

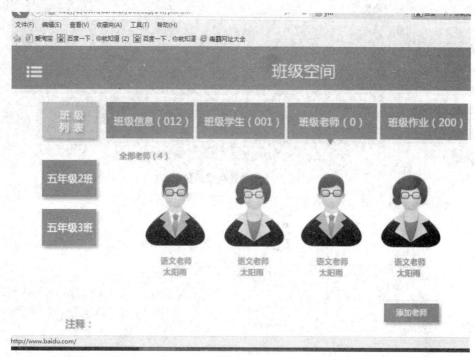

图 3-61　信息文本设置和 ALT 设置

3.5　创建与编辑切片

由于网络传输时需要占用较多流量，因此网速的快慢会影响传输速度。如果图片比较大，访问者在打开页面时，需等待较长时间才能看到完整图片。由于切片可以加快图片的下载速度，因此当要求快速实现图片在网络中显示或下载时，切片是一个很好的选择。访问者在网上看到一张图片并下载它时，很多时候实际下载的是这张图片的几块切片，下载之后再组成一张图片。本节通过以切片实现渐变效果的网页背景的过程，介绍创建和编辑切片的方法和技巧。

在切图过程中，原则上图切的越小、越少越好，但两者是相互矛盾的，因此，在具体切图过程中，需要达到两者之间的一个平衡，正常情况下一个网页切至 20～30 个图片能达到良好的加载速度。另外，在切图时，须根据参考线一行一行地切；背景如果是单一背景色或渐变色，应将其切成小条；如不宜进行拆分则无需再拆分；切图时候要将图放大，使移动一个像素时也能清晰明显，保证原图和网页能尽量保持一致。在下面的例子中，通过创建和编辑切片，重构如图 3-62 所示网页的头部，页面其他部分的重构与头部类似。

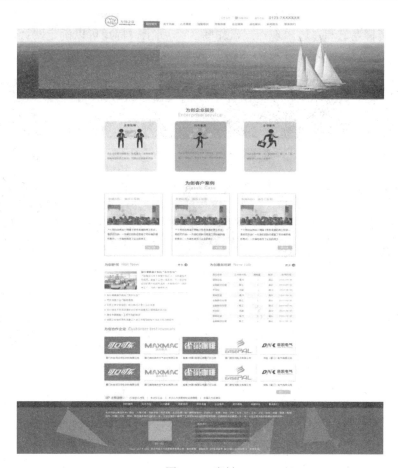

图 3-62　素材

具体的制作步骤举例如下：

第一步：打开 Photoshop CS6 软件，拖入要用切片工具切分的背景图片，如图 3-63 所示。

图 3-63　打开素材

第二步：单击菜单栏中的"标尺工具"按钮，或执行"视图"→"标尺"命令打开"标尺工具"，使素材上方和左边出现标尺，如图 3-64 所示，标尺可以确定网页以及之后切图的尺寸大小。

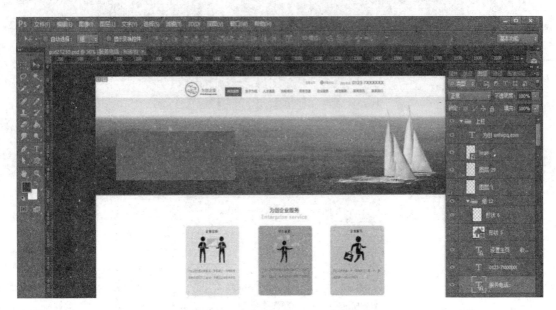

图 3-64   打开"标尺工具"

第三步：从标尺处向下或者向右拉参考线，对网页的头部进行分区，如图 3-65 所示，将整个头部的图案划分成若干个小区域。通过对头部的分析，发现将其划分成联系电话、公司 LOGO、两个菜单栏(红色部分和其余部分不在一个图层)以及背景 Banner 等五个图片是比较合理的，划分完毕之后的效果如图 3-66 所示。

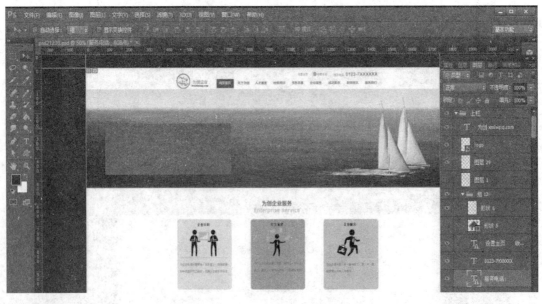

图 3-65   向下或向右拉参考线

图 3-66　用参考线划分区域

第四步：选择工具箱中的"切片工具"，如图 3-67 所示，根据参考线划分好的区域确定选区对网页头部从上往下一行一行进行切图，如图 3-68 所示。

图 3-67　"切片工具"

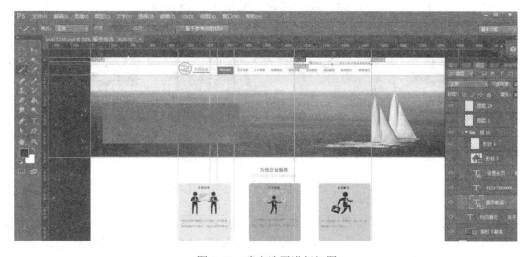

图 3-68　确定选区进行切图

第五步：继续对其他区域进行切图，右击选区，选择"编辑切片选项"，进行切片编辑，并设置名称等信息，最后单击【确定】按钮，整个网页头部切图之后的总体效果如图3-69 所示。

图 3-69　编辑切片

第六步：执行"文件"→"存储为 Web 所用格式"命令，选择存储格式为"jpg"，单击【存储】按钮，如图 3-70 所示，选择要储存的文件夹，最后单击【保存】按钮，此时会自动创建一个 images 文件夹，文件夹下即为所做切片的图片。

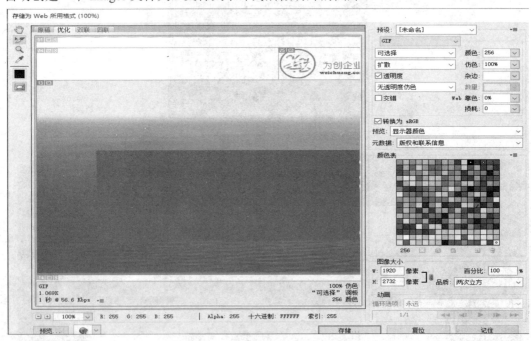

图 3-70　保存切片

第七步：进行 DIV 和 CSS 的设置，对网页头部进行编辑，核心代码如图 3-71 所示，将页面头部所有元素包含在名为"top_nav"的 div 中，在"<style></style>"中，对"top_nav"用 CSS 进行宽(width)和高(height)以及背景色(background)的样式设置。同理，将其他切割

好的图片分别存放在各 div 中，根据页面中显示的大小和位置对 div 进行相应的 CSS 样式
设置，如代码所示，对其宽度(width)、高度(height)、距离父辈元素的边距(margin-left)以及
背景图片(background)等进行具体设置。代码运行后，在浏览器中将显示重构效果，如图
3-72 所示，通过切图的创建和编辑实现了网页头部的重构。

```
<style>
.top_nav{ width:1920px; height:88px; background:#ffffff;}
#logo{ width:1920px; height:100px;background:url(images/psd21230_05.gif) no-repeat;
margin-left:220px;}
#phone{ width:420px; height:60px; background:url(images/psd21230_02.gif) no-repeat;
margin-left:620px;}
#red{ width:130px; height:88px; background:url(images/psd21230_11.gif) no-repeat;
margin-left:180px; position:absolute;}
#menu{ width:800px; height:88px; background:url(images/psd21230_08.gif) no-repeat;
margin-left:300px; position:absolute; margin-top:-12px;}
#banner{ width:1920px; height:460px; background:url(images/psd21230_13.gif) no-repeat;
</style>
</head>
<body>
<div class="top_nav">
<div id="logo">
<div id="phone"></div>
<div id="red"></div>
<div id="menu"></div>
</div>
<div id="banner"></div>
</div>
</body>
```

图 3-71　页面头部代码

图 3-72　页面头部重构效果

3.6　课后实践练习

实践训练：处理网页图片

【实践目标】

熟悉几种常见的抠图工具及切图工具，掌握抠图以及图像合成的方法和技巧，熟悉图
像的几种输出格式。

【实践流程】

(1) 根据图像特点选择合适的抠图工具。

(2) 根据图像合成的关键要素合成图像。

(3) 选择合适的工具对图像进行调整。

【实践题目】

(1) 利用抠图相关知识，选择适当的抠图工具，完成图 3-73 所示素材图像中人物的抠图。

图 3-73　人物素材

(2) 利用图像合成相关知识，将图 3-73、图 3-74 和图 3-75 所示的人物、衬布和画框素材合成为一个精美的艺术相框。

图 3-74　衬布素材　　　　　　　　　图 3-75　画框素材

习题答案

第 4 章　导航栏的设计与制作

【学习目标】

- 理解导航栏的作用和重要性。
- 掌握几种常用导航栏的设计和制作方法。

4.1　实例 1：横向导航栏的设计与制作

　　导航在网站设计中占有举足轻重的地位，导航是整个站点中(特别是门户站)视觉的焦点和中心，其影响力仅次于 Banner。导航的成败直接影响着整个站点的表现，不管是企业站点，还是 Flash 站点，都应该重视导航的设计与制作。本小节将以一个横向的企业导航案例为主讲解利用 Photoshop CS6 工具制作横向导航栏的过程。

横向导航栏
制作视频讲解

1. 制作底板

　　第一步：新建一个宽度为 780 像素、高度为 100 像素的文件，如图 4-1 所示。

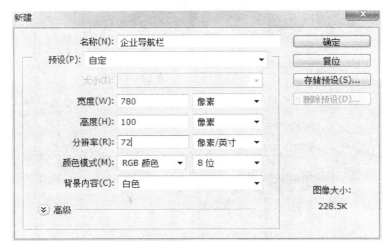

图 4-1　新建文件

　　第二步：在工具箱中设置前景色(R：54，G：62，B：89)，如图 4-2 所示。按 Alt + Delete 组合键，将前景色填充到背景中，如图 4-3 所示。

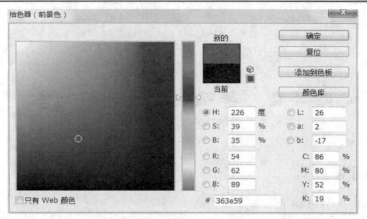

图 4-2　设置前景色 RGB

图 4-3　填充背景

第三步：新建一个图层，双击图层名字重新命名为"导航底图"。选择"渐变工具" ，
在工具选项栏上单击渐变色条 ⬚⬚⬚，打开"渐变编辑器"对话框，如图 4-4 所示。
选中左侧的色标，设置颜色 (R：114，G：128，B：164)，如图 4-5(a)所示，再选中右侧的
色标，设置颜色 (R：72，G：85，B：117)，如图 4-5(b)所示，最后单击【确定】按钮，
完成设置。

图 4-4　"渐变编辑器"对话框

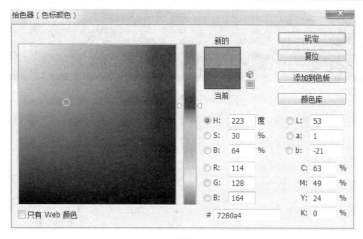

(a)

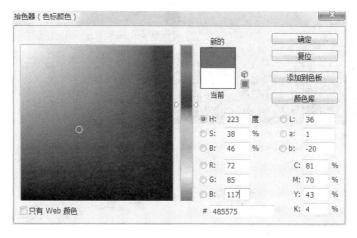

(b)

图 4-5 设置色标颜色

第四步：用鼠标从图像的上端拖动到下端，对图层进行渐变填充，效果如图 4-6 所示。

图 4-6 渐变填充

第五步：选择"多边形套索工具" ，在图像上单击鼠标左键，创建出一个如图 4-7 所示的选区。按 Delete 键删除选取中的图形，显示出背景色，按 Ctrl + D 组合键取消选区，效果如图 4-8 所示。

图 4-7 创建选区

图 4-8　删除选区内容

第六步：双击"导航底图"图层，打开"图层样式"对话框，选择"斜面和浮雕"样式，在"高光模式"中设置颜色 (R：255，G：253，B：221)，如图 4-9 所示，设置其他参数如图 4-10 所示。

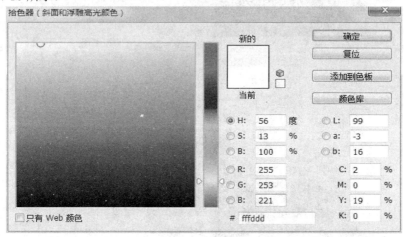

图 4-9　高光颜色

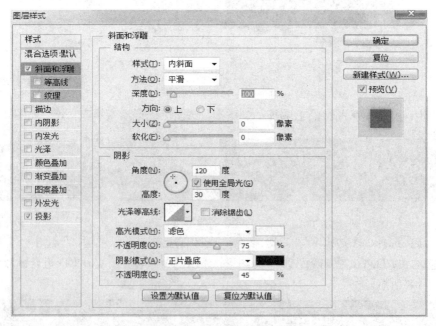

图 4-10　"斜面和浮雕"参数设置

第七步：选择"投影"样式，设置不透明度为39%，其他参数设置如图 4-11 所示，单击【确定】按钮，完成图层样式的添加。效果如图 4-12 所示。

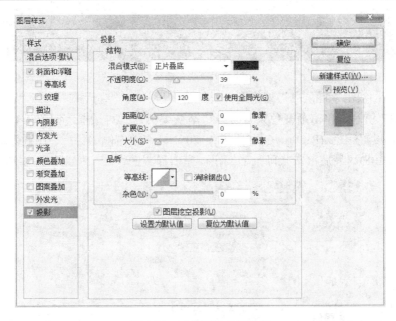

图 4-11　"投影"参数设置

图 4-12　图层样式效果

第八步：选择"多边形套索工具" ，在图像上单击鼠标左键，创建出一个如图 4-13 所示的选区。按 Delete 键删除选取中的图形，显示出背景色，效果如图 4-14 所示。

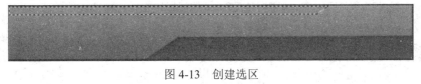

图 4-13　创建选区

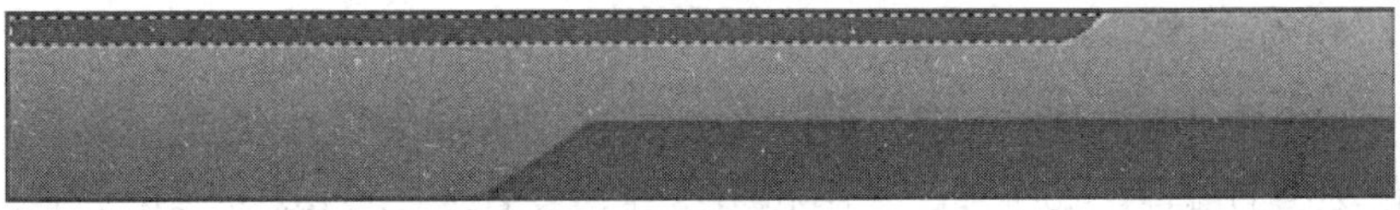

图 4-14　删除选区内容

第九步：执行"选择"→"修改"→"收缩"命令，在打开的"收缩选区"对话框中，设置"收缩量"为 1 像素，如图 4-15 所示。

图 4-15　"收缩选区"对话框

第十步：新建图层命名为"图层 1"，将前景色设置为白色，按组合键 Alt＋Delete 给选区填充白色，按组合键 Ctrl＋D 取消选区，如图 4-16 所示。

图 4-16　填充选区

第十一步：双击"图层 1"缩略图，打开"图层样式"对话框，选择"渐变叠加"样式，如图 4-17 所示，单击渐变色条，打开"渐变编辑器"对话框，如图 4-18 所示，选中左侧的色标，设置颜色 (R：96，G：98，B：120)，再选中右侧的色标，设置颜色 (R：120，G：120，B：138)，最后单击【确定】按钮，完成样式的设置。效果如图 4-19 所示。

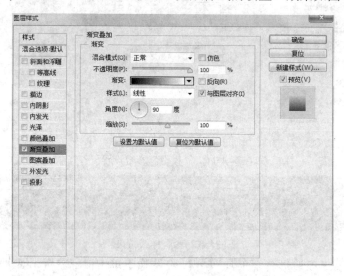

图 4-17　"渐变叠加"样式参数设置

图 4-18　图层样式效果

2. 制作文字效果

第一步：选择"横排文字工具"![T]，输入文字"Hosting"，然后选中文字，在工具选项栏上设置文字的属性，如字体、大小和颜色等。最后选择"移动工具"![]，将文字调整到合适的位置，如图 4-19 所示。

图 4-19　输入文字

第二步：右键单击文字所在图层，从弹出的菜单中选择"删格化文字"命令，将文字图层转化为普通图层。双击文字图层的缩略图，打开"图层样式"对话框，选择"外发光"样式，将混合模式改为"正常"，颜色设置为黑色，其他参数设置如图 4-20 所示。

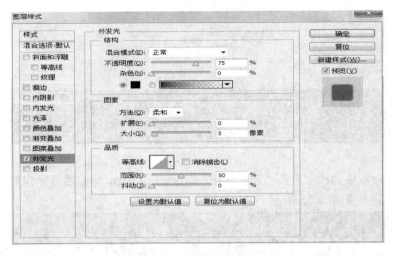

图 4-20 　 "外发光"样式设置参数

第三步：选择"渐变叠加"样式，单击渐变色条，打开"渐变编辑器"对话框，单击左侧的色标，设置颜色为"黑色"，在中间位置处单击，加入一个色标，设置颜色 (R：159，G：139，B：105)，再单击右侧的色标，设置颜色(R：255，G：251，B：229)，然后单击【确定】按钮，返回到"图层样式"对话框，设置其他参数，如图 4-21 所示。最后单击【确定】按钮，完成图层样式的设置，效果如图 4-22 所示。

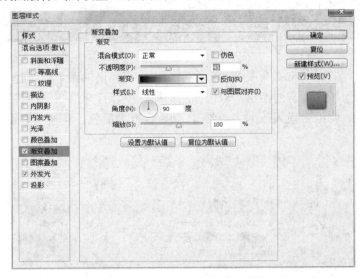

图 4-21 　 "渐变叠加"样式参数设置

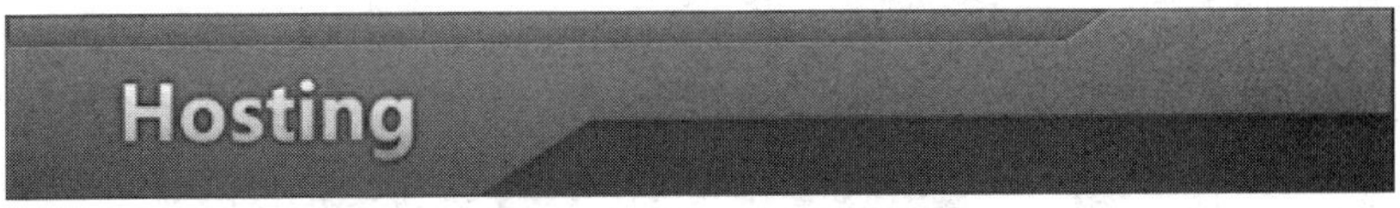

图 4-22 　 文字样式效果

第四步：按住 Ctrl 键，在图层面板中单击文字图层的缩略图，创建一个文字选区，执行"选择"→"修改"→"扩展"命令，设置扩展量为 5 像素，如图 4-23 所示，再单击【确定】按钮，得到如图 4-24 所示的选区。

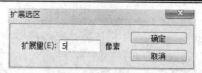

图 4-23　扩展选区

图 4-24　获得选区

第五步：在图层面板中选择"导航底图"图层，按 Delete 键删除选区内容，按 Ctrl + D 组合键取消选区，如图 4-25 所示。

图 4-25　删除选区效果

第六步：选择"横排文字工具" $\mathbf{T}$，输入文字"有限公司"，然后选中文字，在工具选项栏上设置文字的属性，最后选择"移动工具"，将文字调整到合适的位置，如图 4-26 所示。

图 4-26　输入文字

第七步：鼠标右键单击"有限公司"文字图层，在弹出的菜单中选择"删格化文字"命令，将文字图层转化为普通图层，双击图层的缩略图，打开"图层样式"对话框，选择"外发光"样式，将混合模式改为"正常"，颜色设置为黑色，其他参数设置如图 4-27 所示。

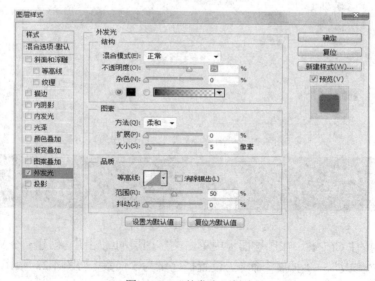

图 4-27　"外发光"样式

第八步：选择"渐变叠加"样式，单击渐变色条，打开"渐变编辑器"对话框，选中左侧的色标，设置颜色 (R：255，G：166，B：30)，再选中右侧的色标，设置颜色 (R：255，G：210，B：81)，然后单击【确定】按钮，将不透明度设置为"34%"，其他参数设置如图 4-28 所示。设置完成后效果如图 4-29 所示。

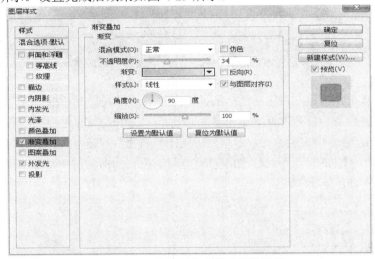

图 4-28　"渐变叠加"样式参数设置

图 4-29　样式效果

第九步：按住 Ctrl 键，在图层面板中单击"有限公司"文字图层的缩略图，创建一个文字选区，执行"选择"→"修改"→"扩展"命令，设置扩展量为"3 像素"，接着单击【确定】按钮，得到扩展选区，在图层面板中选择"导航底图"图层，按 Delete 键删除选区内容，最后按 Ctrl＋D 组合键取消选区，效果如图 4-30 所示。

图 4-30　文字效果

3. 制作按钮效果

第一步：在工具箱中设置前景色为"白色"，选择"圆角矩形工具"，在工具选项栏上设置半径为"10 像素"，绘制出圆角矩形，如图 4-31 所示。

图 4-31　绘制圆角矩形

第二步：选择圆角矩形所在图层，单击右键执行"栅格化图层"命令，双击图层名称将图层重命名为"按钮"，如图 4-32 所示。将"按钮"图层鼠标拖曳到"导航底图"图层下方，效果如图 4-33 所示。

图 4-32 "按钮"图层

图 4-33 移动图层位置

第三步：双击"按钮"图层的缩略图，打开"图层样式"对话框，选择"渐变叠加"样式，单击渐变色条，打开"渐变编辑器"对话框，选中左侧的色标，设置颜色(R：80，G：83，B：98)，再选中右侧色标，拖动到中间的位置上，设置颜色(R：131，G：131，B：144)，单击【确定】按钮，返回到"图层样式"对话框，如图 4-34 所示。最后选择"投影"样式，参数设置如图 4-35 所示。

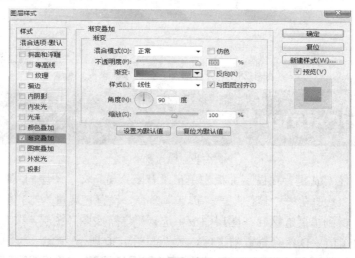

图 4-34 "渐变叠加"样式参数设置

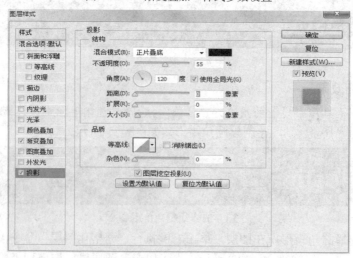

图 4-35 "投影"样式参数设置

第四步：选择"斜面和浮雕"样式，在高光模式中设置颜色 (R：255，G：253，B：221)，其他参数设置如图 4-36 所示，最后单击【确定】按钮完成设置，效果如图 4-37 所示。

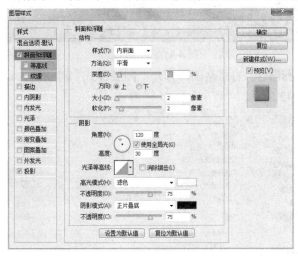

图 4-36　"斜面与浮雕"样式

图 4-37　按钮样式效果

第五步：按住 Ctrl 键，单击"按钮"图层的缩略图，创建一个选区，再选择"矩形选框工具" ，按住 Alt 键，圈选按钮下半部分的选区，缩小选区，如图 4-38 所示。

图 4-38　创建选区

第六步：在"按钮"图层的上方新建图层命名为"图层 2"，将前景色设置为"白色"，按组合键 Alt + Delete 填充颜色。设置图层的混合模式为"叠加"，设置不透明度为"50%"，填充为"50%"，如图 4-39 所示。此时按钮具有高光立体的效果。按组合键【Ctrl+D】取消选区，将按钮进行微调移动到合适的位置，设置完成后效果如图 4-40 所示。

图 4-39　图层混合模式

图 4-40　按钮样式效果

第七步：选择"椭圆选框工具" ，按住 Shift 键，在按钮上的合适位置绘制出一个正圆选区，新建图层命名为"图层 3"，给选区填充白色，如图 4-41 所示。然后按组合键

Ctrl + D 取消选区。

图 4-41　正圆选区

　　第八步：双击"图层 3"的缩略图，打开"图层样式"对话框，选择"外发光"样式，具体参数设置如图 4-42 所示。

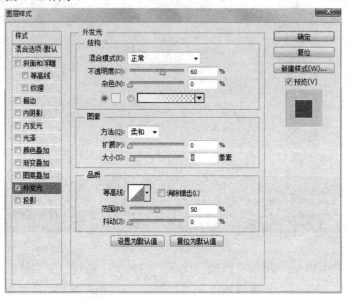

图 4-42　"外发光"参数设置

　　第九步：选择"斜面和浮雕"样式，在高光模式设置颜色 (R：255，G：253，B：221)，其他参数设置如图 4-43 所示。

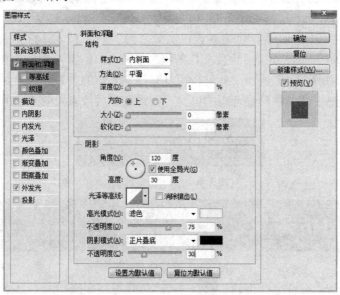

图 4-43　"斜面和浮雕"样式参数设置

第十步：选择"渐变叠加"样式，单击渐变色条，打开"渐变编辑器"对话框，拖动左侧的色标到中间的位置上，设置颜色 (R：255，G：166，B：30)，选择右侧的色标，设置颜色 (R：255，G：210，B：81)，如图 4-44 所示，其他参数设置如图 4-45 所示。

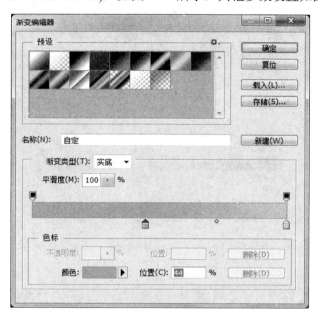

图 4-44 "渐变编辑器"对话框

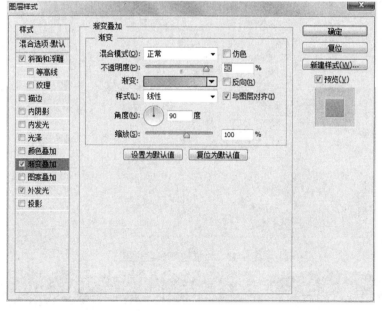

图 4-45 "渐变叠加"样式

第十一步：选择"描边"样式，描边大小设置为 1 像素，混合模式设置为"叠加"，不透明度设置为"56%"。然后填充类型选择渐变，单击渐变色条，打开"渐变编辑器"对话框，选中左端的色标，设置颜色为"黑色"，在色条上单击左键，添加一个色标，设置颜色 (R：159，G：139，B：105)，再选中右端的色标，设置颜色 (R：255，G：249，B：

217)，如图 4-46 所示。选择"反向"复选框，如图 4-47 所示，最后单击【确定】按钮，
完成按钮的制作，效果如图 4-48 所示。

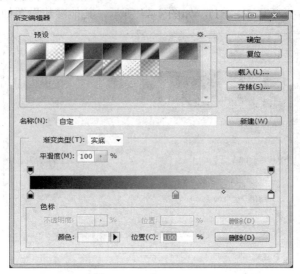

图 4-46   "渐变编辑器"对话框

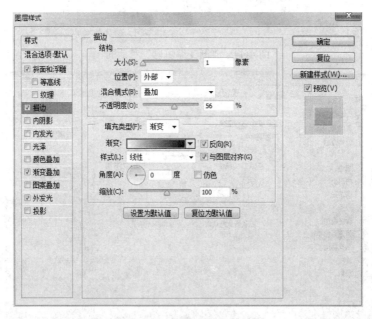

图 4-47   "描边"参数设置

图 4-48   按钮效果

第十二步：选择"图层 2""图层 3"和"按钮"图层，单击右键执行"合并图层"命
令，并将合并后的图层命名为"按钮"。按组合键 Ctrl＋J 复制"按钮"图层得到"按钮 副
本"和"按钮 副本 2"，如图 4-49 所示。

图 4-49　复制按钮图层

第十三步：选择"横排文字工具" ，在按钮的适当位置输入导航名称，提交输入后用"选择工具"对文字进行微调，放在合适位置。至此，一个横向的企业网站的导航栏制作完成。最终效果如图 4-50 所示。

图 4-50　横向企业导航栏最终效果

4.2　实例 2：纵向导航栏的设计与制作

在现实生活中，除了常见的横向导航栏，纵向导航栏也经常使用，本小节将以一个案例来讲解纵向导航栏的制作过程。

第一步：新建一个宽度为 500 像素，高度为 500 像素的文件，如图 4-51 所示。

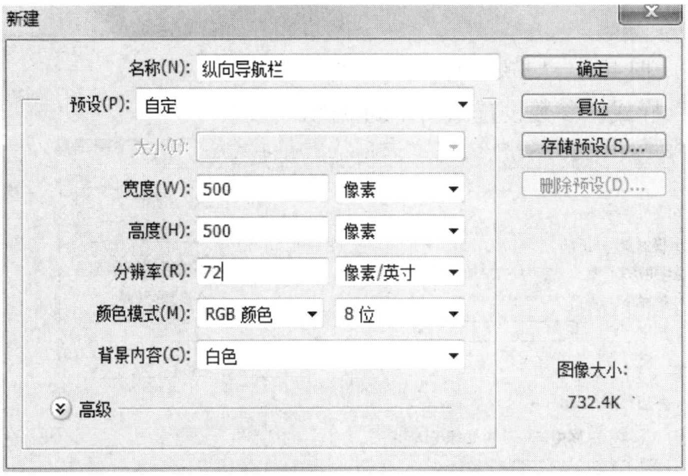

纵向导航栏
制作视频讲解

图 4-51　新建文件

第二步：选择"圆角矩形工具" 并在其选项栏中设置半径为 30 像素，按住 Shift 键在画布中拖拽一个大小合适的圆角矩形。然后在图层中执行右键菜单中的"栅格化图层"命令将形状转化为普通图层，如图 4-52 所示。

图 4-52　创建圆角矩形

第三步：双击圆角矩形所在的图层，弹出"图层样式"对话框，选择"描边"样式，将"填充类型"设置为渐变，单击渐变条，在弹出的"渐变编辑器"对话框中设置左色标的颜色 (R：180，G：179，B：173)，再将右色标的颜色设置为白色，样式选择"迸发状"，其他参数设置如图 4-53 所示。

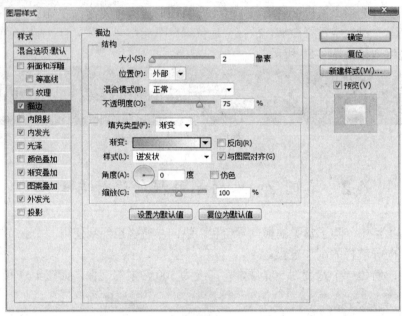

图 4-53　"描边"样式参数设置

第四步：选择"内发光"样式，参数设置如图 4-54 所示。

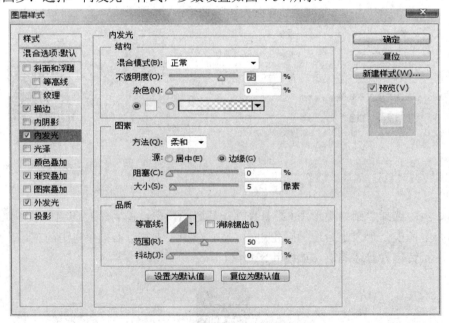

图 4-54　"内发光"样式参数设置

第五步：选择"外发光"样式，将不透明度设置为"20%"，大小为 6 像素，其他参数设置如图 4-55 所示。

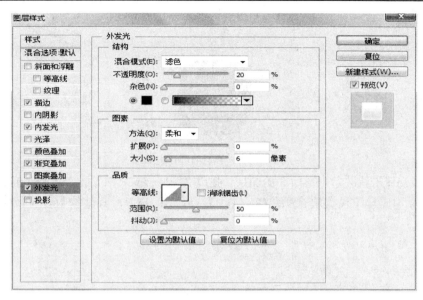

图 4-55　"外发光"样式

　　第六步：选择"渐变叠加"样式，单击渐变条，在"渐变编辑器"对话框中设置左色标为"白色"，再设置右色标颜色(R：230，G：232，B：220)，角度为-90 度，其他参数如图 4-56 所示。最后单击【确定】按钮，效果如图 4-57 所示。

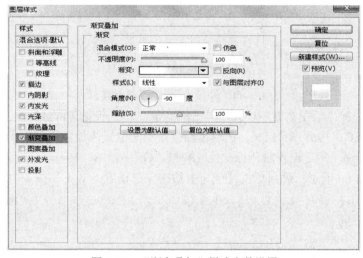

图 4-56　"渐变叠加"样式参数设置

图 4-57　样式效果

　　第七步：按住 Ctrl 键点击圆角矩形缩略图得到选区，执行"选择"→"修改"→"收缩"命令，在弹出的"收缩选区"对话框里将收缩值设置为 4 像素，单击【确定】按钮，

得到收缩后的新选区。最后新建图层并给选区填充黑色得到新的圆角矩形，效果如图 4-58
所示。

图 4-58　缩小后的圆角矩形

第八步：双击新圆角矩形所在的图层，弹出"图层样式"对话框，选择"描边"样式，
大小设置为 4 像素，设置填充颜色(R：3，G：5，B：182)，其他参数设置如图 4-59 所
示。

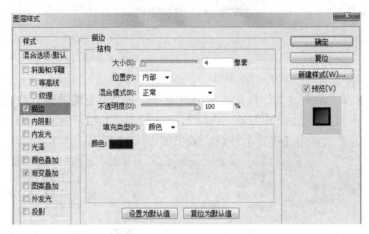

图 4-59　"描边"样式参数设置

第九步：选择"渐变叠加"样式，单击渐变条，在"渐变编辑器"对话框中设置左色
标颜色(R：82，G：196，B：255)，在单击渐变条中间位置添加色标，并设置颜色(R：50，
G：110，B：236)，然后设置右色标颜色 (R：1，G：16，B：104)，角度为 137 度，其他
参数设置如图 4-60 所示。最后单击【确定】按钮完成设置，效果如图 4-61 所示。

图 4-60　"渐变叠加"样式参数设置

图 4-61 样式效果

第十步：新建图层命名为"图层 3"，选择"渐变工具" ，并在其选项栏中选择"径向渐变" ，接着单击渐变条 ，在弹出的"渐变编辑器"对话框中，选择白色到透明的渐变，如图 4-62 所示。最后单击【确定】按钮，在蓝色按钮上拖动鼠标绘制一个白色到透明的渐变，效果如图 4-63 所示。

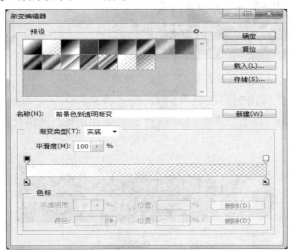

图 4-62 白色到透明渐变设置

图 4-63 绘制渐变

第十一步：按组合键 Ctrl + T 调出"自由变换"定界框，如图 4-64(a)所示。将渐变部分进行压扁和旋转，并放到按钮左上方，形成高光效果，如图 4-64(b)所示。复制"图层 3"得到"图层 3 副本"，并将复制的渐变部分再次压缩变小，放到原来高光的中心，使高光效果更明显，如图 4-64(c)所示，再次复制"图层 3"得到"图层 3 副本 2"，将渐变部分进行适当的变形和旋转后放到高光下方合适位置，如图 4-64(d)所示。将"图层 3""图层 3 副本"和"图层 3 副本 2"进行合并，并将合并后的图层命名为"高光"。

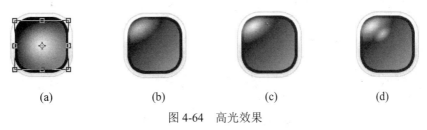

(a)   (b)   (c)   (d)

图 4-64 高光效果

第十二步：选择"自定义形状工具" ，在其选项栏的形状中选择合适的形状，如图 4-65 所示。在添加的形状图层右键执行"栅格化图层"命令，并给形状填充"白色"，如图 4-66 所示。

图 4-65　"多边形工具形状"选项

图 4-66　添加形状

第十三步：选择"圆角矩形工具" 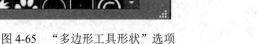 ，在"背景"图层上方绘制圆角矩形，使其高度和按钮高度大致相同，在所在图层鼠标执行右键菜单中的"栅格化图层"命令，如图 4-67 所示。

图 4-67　新圆角矩形

第十四步：双击圆角矩形所在的图层弹出"图层样式"对话框，选择"描边"样式，"填充类型"选择"渐变"，单击渐变条，在弹出的"渐变编辑器"中设置左色标的颜色 (R：228，G：228，B：226)，并将右色标的颜色设置为白色，"样式"选择"迸发状"，其他参数设置如图 4-68 所示。

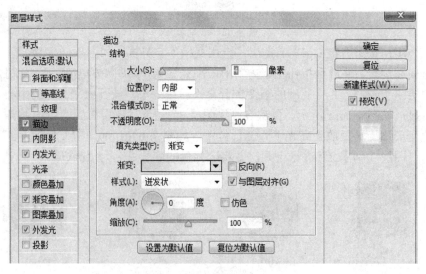

图 4-68　"描边"样式参数设置

第十五步：选择"内发光"样式，设置发光颜色(R：202，G：209，B：220)，其他参数设置如图 4-69 所示。

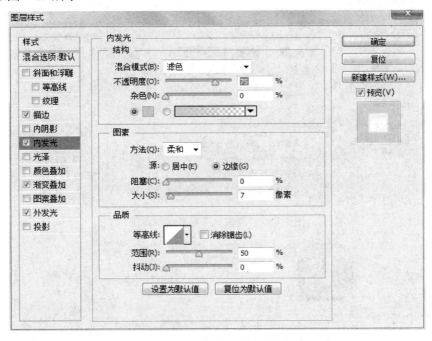

图 4-69　　"内发光"样式参数设置

第十六步：选择"渐变叠加"样式，单击渐变条，在弹出的"渐变编辑器"对话框中设置左色标颜色 (R：205，G：205，B：205)，再单击色条中间位置添加新色标，颜色设置为"白色"，然后设置右色标颜色(R：242，G：242，B：239)，单击【确定】按钮返回"样式设置"对话框，将角度设置为−90 度，其他参数设置如图 4-70 所示。

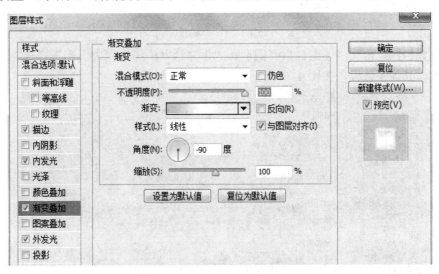

图 4-70　　"渐变叠加"样式参数设置

第十七步：选择"外发光"样式，不透明度设置为"15%"，大小设置为 7 像素，其他参数设置如图 4-71 所示。最后单击【确定】按钮，效果如图 4-72 所示。

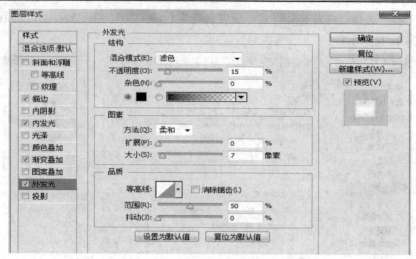

图 4-71　"外发光"样式参数设置

图 4-72　样式设置效果

第十八步：选择"横排文字工具"⊤，输入文字"SERVICES"，在选项栏设置相应的字体和大小，提交输入并将文字移动到合适的位置，效果如图 4-73 所示。

图 4-73　大标题

第十九步：双击文字图层弹出"图层样式"对话框，选择"内阴影"样式，角度设置为 135 度，其他参数设置如图 4-74 所示。

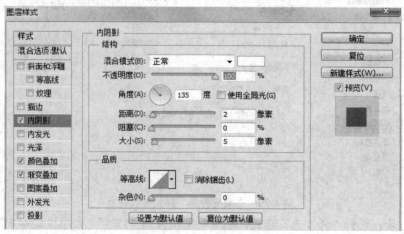

图 4-74　"内阴影"样式

第二十步：选择"颜色叠加"样式，设置叠加颜色(R：53，G：109，B：242)，其他参数设置如图 4-75 所示。

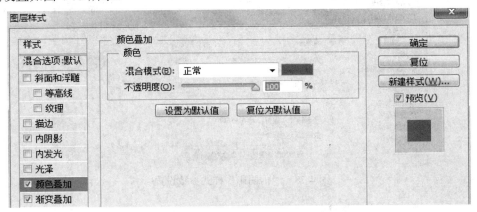

图 4-75　"颜色叠加"样式参数设置

第二十一步：选择"渐变叠加"样式，单击渐变条，在弹出的"渐变编辑器"中设置左色标颜色(R：75，G：103，B：109)，再设置右色标颜色(R：148，G：173，B：178)，其他参数设置如图 4-76 所示。最后单击【确定】按钮完成设置，效果如图 4-77 所示。

图 4-76　"渐变叠加"样式参数设置

图 4-77　大标题文字效果

第二十二步：选择"横排文字工具" **T**，设置前景色(R：64，G：143，B：250)，接着输入文字"INDIVIDUAL CUSTOMER SUPPORT"，在选项栏设置相应的字体和大小，提交文字并将文字移动到大标题下方合适位置，然后为文字添加"内阴影"样式，参数设置如图 4-78 所示。最后单击【确定】按钮，效果如图 4-79 所示。

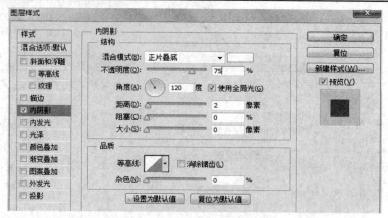

图 4-78　"内阴影"样式参数设置

图 4-79　小标题文字效果

至此，一个导航部分的制作过程已经完成，按照相同的方法制作需要的导航个数并纵向排列到合适的位置则完成纵向导航栏的制作，最终效果如图 4-80 所示。

图 4-80　纵向导航栏最终效果

4.3　实例 3：水晶导航栏的设计与制作

由于导航栏对于网站来说至关重要，因此人们也越来越追求导航的美观性，目前简洁大方并且具有立体感和光感的水晶导航栏成为常用导航栏之一。本小节将以一个水晶导航栏案例为基础来讲解水晶导航栏的制作方法。

第一步：新建一个宽度为 800 像素，高度为 300 像素的文件，如图 4-81 所示。

水晶导航栏
制作视频讲解

图 4-81　新建文件

第二步：在随书资源中的"ch04/资源"文件夹下找到素材图片"al_logo.jpg"并拖入画布，命名为"图层 1"，调整其大小，并放到画布左上角合适的位置。按组合键 Ctrl＋J 复制"图层 1"得到"图层 1 副本"，按组合键 Ctrl＋T 调出"自由变换"定界框，右键执行"垂直翻转"命令，如图 4-82 所示。将翻转后的 LOGO 垂直向下移动到合适位置，如图 4-83 所示。

图 4-82　垂直翻转　　　　　　　　　　　　图 4-83　垂直翻转效果

第三步：将前景色设置为"黑色"，在"图层 1 副本"上添加蒙版 ，按组合键 Alt＋Delete 给蒙版填充黑色，此时"图层 1 副本"的内容会被完全遮盖。选择"矩形选框工具"，将羽化值设置为 5 像素，在"图层 1"和"图层 2"的中间位置创建选区，如图 4-84(a) 所示。按 Delete 键删除选区所在的蒙版内容，下面会显示出"图层 1 副本"的部分内容，形成倒影效果，将"图层 1 副本"的不透明度设置为"55%"，使倒影效果更逼真，效果如图 4-84(b) 所示。

(a)　　　　　　　　　　　　　　(b)

图 4-84　制作倒影效果

第四步：选择"圆角矩形工具" ，在其选项栏将半径设置为 7 像素，在图标下方拖拽一个细长的圆角矩形并得到"圆角矩形 1"图层，右键执行"栅格化图层"命令，如图 4-85 所示。

图 4-85　圆角矩形 1

第五步：双击"圆角矩形 1"图层弹出图层样式对话框，选择"颜色叠加"，设置叠加颜色(R：246，G：142，B：8)，其他参数设置如图 4-86 所示。

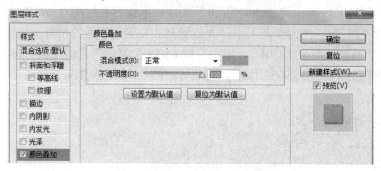

图 4-86　"颜色叠加"样式参数设置

第六步：选择"投影"样式，将距离和大小均设置为 3 像素，不透明度设置为"50%"，其他参数设置如图 4-87 所示。单击【确定】按钮应用样式，效果如图 4-88 所示。

图 4-87　"投影"样式参数设置

图 4-88　样式效果

第七步：按 Ctrl 键单击圆角矩形 1 缩略图得到选区，选择"矩形选框工具"，按 Alt

键在选区下半部分绘制矩形选区将得到只剩余上半部分的选区，如图 4-89 所示。新建图层命名为"图层 2"，并为选区填充白色，在"图层"面板中将图层混合模式设置为"叠加"，不透明度设置为"50%"，如图 4-90 所示。此时将会获得立体效果，如图 4-91 所示。

图 4-89　获得选区

图 4-90　混合模式设置

图 4-91　立体效果

　　第八步：选择"渐变工具"，在选项栏中选择"径向渐变"，单击渐变条，选择白色到透明的渐变，新建图层，点击鼠标在画布拖拽出一个白色渐变效果，如图 4-92 所示。按组合键 Ctrl＋T 调出"自由变化"定界框，将渐变部分调整为扁平状，放置到圆角矩形 1 的上方，然后执行"滤镜"→"模糊"→"高斯模糊"命令，将半径设置为 2 像素，如图 4-93 所示，形成高光效果，如图 4-94 所示。

图 4-92　白色渐变

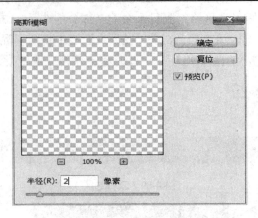

图 4-93　"高斯模糊"对话框

图 4-94　高光效果

第九步：选择"横排文字工具" [T]，在导航条左侧分别输入文字"Home""Downloads"和"About us"，字体设置为"Segoe"，大小为 20 像素。(注意：每个导航文字单独放在一个图层。)选中三个文字图层，执行"图层"→"对齐"→"水平居中"和"图层"→"对齐"→"垂直居中"命令，使文字对齐。最后执行"图层"→"分布"→"水平分布"命令使文字间距均匀，如图 4-95 所示。

图 4-95　添加文字

第十步：选双击文字所在图层，打开"图层样式"对话框，选择"描边"样式。描边大小设置为 1 像素，设置颜色(R：246，G：142，B：8)，其他参数设置如图 4-96 所示，单击【确定】按钮应用描边，效果如图 4-97 所示。

图 4-96　"描边"样式参数设置

图 4-97　描边样式效果

第十一步：选择"矩形选框工具"在文字之间绘制宽度为 1 个像素的矩形选区，并填充白色，作为间隔线(注意：每条间隔线放在单独的图层。)如图 4-98 所示。

图 4-98　间隔线

第十二步：选择"圆角矩形工具"，在其选项栏内将半径设置为"2"像素，在导航条右侧绘制圆角矩形，得到名称为"圆角矩形 2"的图层，执行右键菜单中的"栅格化图层"命令并填充白色，作为搜索框使用，如图 4-99 所示。

图 4-99　绘制搜索框

第十三步：双击"圆角矩形 2"图层弹出"图层样式"对话框，选择"描边"样式，设置颜色(R：253，G：186，B：5)，其他参数设置如图 4-100 所示。

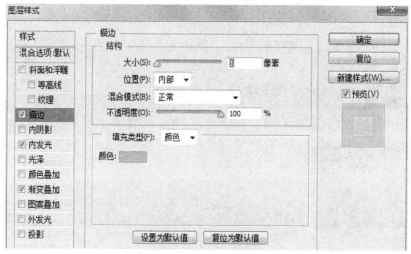

图 4-100　"描边"样式参数设置

第十四步：选择"内发光"样式，参数设置如图 4-101 所示。

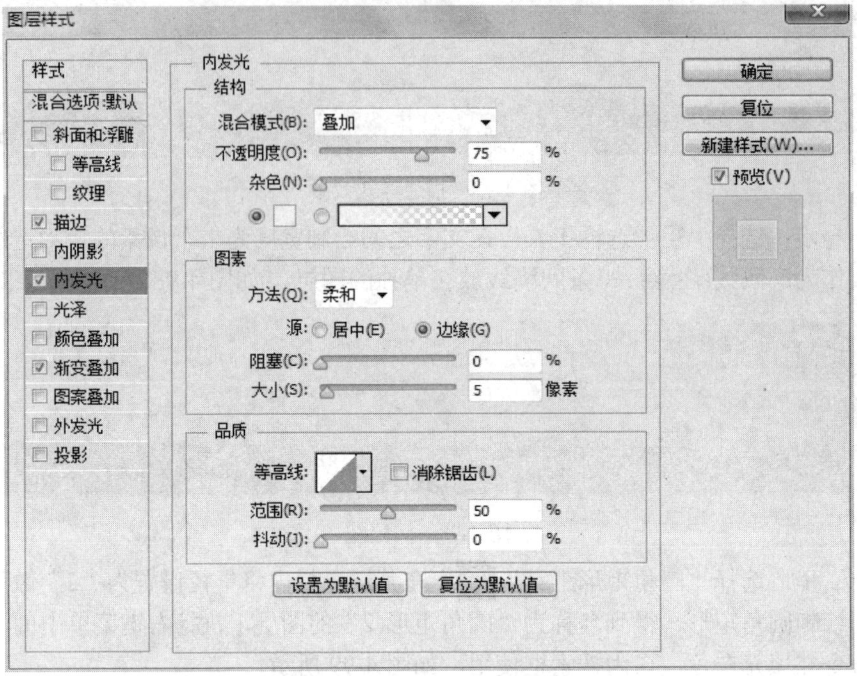

图 4-101 "内发光"样式参数设置

第十五步：选择"渐变叠加"样式，单击渐变条，在弹出的"渐变编辑器"对话框中设置左色标颜色(R：230，G：230，B：230)，然后再将右色标颜色设置为白色，其他参数设置如图 4-102 所示。单击【确定】按钮应用样式，效果如图 4-103 所示。

图 4-102 "渐变叠加"样式参数设置

图 4-103 样式效果

第十六步：选择"横排文字工具" ，在搜索框左侧输入文字"Search"，字体设置为

"Segoe"，大小为 14 像素，然后再设置颜色(R：123，G：123，B：123)，效果如图 4-104 所示。

图 4-104　search 文字效果

第十七步：在随书资源中的"ch04/资源"文件夹下找到素材图片"sea_logo.jpg"并拖入画布，执行"自由变化"命令将图片调整到合适的大小，并放在搜索框右侧。至此，一个水晶导航栏就制作完成了，最终效果如图 4-105 所示。

图 4-105　最终效果

4.4　拓展实例：HTML + CSS 构建网站导航栏

通过前面三个案例讲解了如何利用 Photoshop CS6 工具制作不同的导航栏效果图片，但最终这些制作好的导航图片都是为了应用到网站为网站用户带来更好的用户体验。本小节将以制作好的导航图片为素材，利用 HTML + CSS 技术将导航图片应用到网页中，旨在帮助读者理解网页的构建过程。本案例最终布局完成的网站的导航效果如图 4-106 所示。

图 4-106　绿色导航栏效果图

1. 案例分析

通过观察图 4-106 的效果图可知，整个案例由两大部分组成，分别是上下两个\<div\>。上面的\<div\>放置一个 Banner 图片，下方\<div\>的导航由于排序不分先后，所以可以由\<ul\>和\<li\>无序标签实现。每个导航可以用超链接标签\<a\>标签实现点击每个导航就能够连接到相应内容模块。

网站导航栏
制作视频讲解

2. 样式分析

实现如图 4-106 所示的导航栏效果的样式分析思路如下：

(1) 通过对上面的<div>设置宽度、高度、边框以及背景图片控制 Banner 部分样式。

(2) 通过对下面的<div>设置宽度、高度、边框以及背景图片控制导航部分样式。

(3) 通过无序列表<ul>对导航栏进行整体控制，去掉排列形式。

(4) 为<li>添加宽高、背景图像，并将<li>转换为行内块元素，设置浮动样式使其横向排列。

(5) 为各超链接导航设置链接伪类实现不同的链接状态。

3. 制作页面结构

根据以上的分析和设计，可以使用相应的 HTML 标签实现页面结构，具体代码如下：

```html
<!DOCTYPE html PUBLIC "-//W3C//DTD XHTML 1.0 Transitional//EN"
  "http://www.w3.org/TR/xhtml1/DTD/xhtml1-transitional.dtd">
<html xmlns="http://www.w3.org/1999/xhtml">
<head>
    <meta http-equiv="Content-Type" content="text/html; charset=utf-8"/>
    <title>绿色导航栏</title>
</head>
<body>
    <!--这是 Banner 部分-->
    <div class="Banner">
        <img src="images/Banner1.jpg" width="600" height="150" />
    </div>
    <!-- 这是 nav 部分 -->
    <div class="nav">
        <ul>
            <li><a href="#">首页导读</a></li>
            <li><a href="#">单位简介</a></li>
            <li><a href="#">新闻动态</a></li>
            <li><a href="#">党建园地</a></li>
            <li><a href="#">领导队伍</a></li>
            <li><a href="#">人才引进</a></li>
        </ul>
    </div>
</body>
</html>
```

此时页面效果如图 4-107 所示。

图 4-107　绿色导航栏页面结构效果

4. 定义 CSS 样式

1) 定义基础样式

```
//重置浏览器的默认样式//
body, h1, h2, h3, ul, li, img, p{
    padding:0; margin:0; list-style:none; outline:none;
}
/*全局控制*/
body{
    font-size: 14px;
    color: #3c3c3c;
    font-family: Arial, Helvetica, sans-serif;
}
/*公共样式*/
a {
    text-decoration: none;
    color: #690;
}
a:hover {
    color: #fff;
    text-decoration: none;
}
```

2) 定义 Banner 样式

```
.Banner {
    width: 760px;
    height: 150px;
    margin: 0 auto;
    background-image: url(images/Banner_bg.jpg);
}
```

3) 设置导航栏标题的样式

```
.nav {
    height: 32px;
    width: 760px;
    margin: 0 auto;
    background-image: url(images/button1_bg.jpg);
}
.nav li {
    float: left;
    width: 80px;
    height: 32px;
    background: url(images/button1.jpg) no-repeat;
}
.nav a {
    display: block;
    width: 80px;
    height: 32px;
    text-align: center;
    line-height: 32px;
}
.nav a:hover {
    background: url(images/button2.jpg) no-repeat;
}
```

说明： CSS 样式中所用到的"button1_bg.jpg"和"button1.jpg"即为利用 Photoshop 制作好的图片，如图 4-108 所示。素材图片可在随书资源"ch04/资源"文件夹下找到同名素材图片。

图 4-108　素材图片

至此，此案例的 CSS 样式定义完成，刷新页面，效果如图 4-109 所示。

图 4-109　绿色导航栏最终效果

当鼠标移动到某个导航模块时，选中导航会出现变化，如图 4-110 所示。

图 4-110　鼠标选中"单位简介"导航时的效果

4.5　课后实践练习

实践训练：Photoshop 制作网站导航栏

【实践目标】

了解导航栏的作用和重要性，掌握利用 Photoshop CS6 软件制作目前常用的几种导航栏，了解利用 HTML＋CSS 技术将导航栏图片重构到网站的流程。

【实践流程】

(1) 新建合适大小的 Photoshop 文件。

(2) 设计导航栏的基本样式。

(3) 根据设计利用相关工具完成导航栏各部分效果。

【实践题目】

(1) 利用 Photoshop CS6 工具制作图 4-111 所示的绿色水晶导航栏。

(2) 利用 Photoshop CS6 工具制作图 4-112 所示的纵向导航栏。

图 4-111　绿色水晶导航栏

图 4-112　纵向导航栏

习题答案

第 5 章　网页按钮与图标的设计与制作

【学习目标】

- 熟悉常用的按钮风格。
- 掌握几种常用按钮和图标的设计和制作方法。

5.1　水晶设计风格与扁平设计风格

水晶设计中常用高光、阴影、渐变等效果体现出一种水晶质感，其使用的颜色也比较鲜明艳丽，给用户的视觉冲击及吸引力很强。

那什么是扁平化设计呢？所谓扁平化设计，就是在进行设计的过程中，去除所有具有三维突出效果的风格和属性。也就是说，去除下落式阴影、梯度变化、表面质地差别以及所有具有三维效果的设计。扁平化设计在如今备受设计师们的青睐，是因为通过这种风格可以让设计更具有现代感，另外可以强有力地突出设计中最重要的组成部分：内容和信息。其实那些具有三维效果的属性，本身都是某段时期的流行风格，去除掉了这些信息，就能让设计不那么容易过时；并且还能突出内容本身。

扁平化设计的特点十分鲜明，具体表现如下。

1. 拒绝特效

扁平化设计概念最核心的地方就是放弃一切装饰效果，也就是诸如阴影、透视、纹理、渐变等等能做出 3D 效果的元素一概不用，所有元素的边界都干净利落，没有任何羽化、渐变或者阴影。这种设计有着鲜明的视觉效果，它所使用的元素之间有清晰的层次和布局，这使得用户能直观地了解每个元素的作用以及交互方式。如今从网页到手机应用无不在使用扁平化的设计风格，尤其在手机上，因为屏幕的限制，使得这一风格在用户体验上更有优势，更少的按钮和选项使得界面干净整齐，使用起来格外简单。

2. 界面元素

扁平化设计通常采用许多简单的用户界面元素，诸如按钮或者图标之类。这些用户界面元素方便用户点击，能极大地减少用户学习新交互方式的成本，仅凭用户自身的经验就能大概知道每个按钮的作用。此外，扁平化除了简单的形状之外，还可以进行大胆地配色。但是需要注意的是，扁平化设计不是简单地用形状和颜色搭配起来就可以了，它和其他设计风格一样，是由许多的概念与方法组成的。

3. 优化排版

由于扁平化设计时使用的是特别简单的元素，因此排版就成了很重要的一环，排版的好坏直接影响视觉效果，甚至可能间接影响用户体验。字体是排版中很重要的一部分，和其他元素相辅相成。

4. 惯用明亮配色

扁平化设计中配色应该是最重要的一环，扁平化设计通常采用比其他风格更明亮、炫丽的颜色。同时，扁平化设计中的配色还意味着更多的色调。比如，其他设计最多只包含两三种主要颜色，而扁平化设计中会平均使用六到八种。

5. 最简方案

扁平化设计中尽量简化设计方案，避免不必要的元素出现。简单的颜色和字体就足够了，如果还想添加点什么，尽量选择简单的图案。扁平化设计尤其适合一些做零售的网站，它能很有效地把商品组织起来，以简单但合理的方式排列。

5.2　实例 1：制作水晶风格按钮

按钮是网站的必备元素之一，一般用于实现提交功能，例如当访问者输入了关键字后会点击【搜索】按钮，网页中将出现搜索结果。由于搜索的结果应放在第一位，所以按钮的设计反而应该以简单明了为首要条件。本案例将介绍制作水晶风格按钮的方法，其效果如图 5-1 所示。

图 5-1　水晶风格按钮效果图　　　　　　　水晶按钮制作视频讲解

第一步：启动 Photoshop CS6，执行"文件"→"新建"命令，在打开的"新建"对话框中输入文件的名称为"实例 1：制作水晶风格按钮"，设置宽度为 300 像素，高度为 200 像素，分辨率为 72 像素/英寸，颜色模式为 8 位 RGB 颜色，背景内容为默认"白色"，如图 5-2 所示。

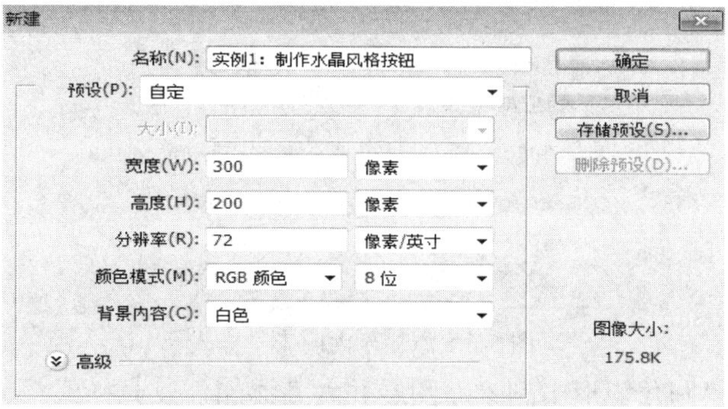

图 5-2　新建文件图示

第二步：点击"圆角矩形工具" 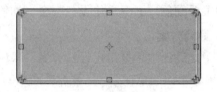，在画布中单击鼠标左键弹出"创建圆角矩形"对话框，设置宽度为"250 像素"，高度为"100 像素"，半径为"10 像素"，如图 5-3 所示。

第三步：按组合键 Ctrl + J 复制"圆角矩形 1"图层，选择"圆角矩形 1 副本"图层，按组合键 Ctrl + T 自由转换缩小矩形框(W：95%，H：90%)，如图 5-4 所示。

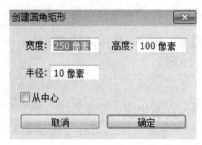

图 5-3　创建圆角矩形　　　　　　　　　图 5-4　缩小矩形框图示

第四步：鼠标左键双击"圆角矩形 1 副本"图层(或者选中图层后点击"图层样式"图标 fx.)弹出"图层样式"对话框，勾选"渐变叠加"。做适当的配置如图 5-5 所示，设置渐变的前景色 (R：27，G：50，B：0)，再设置其背景色(R：136，G：255，B：0)。

图 5-5　添加"渐变叠加"样式

第五步：选择"圆角矩形 1 副本"图层并为其添加内阴影样式，参数如图 5-6 所示。

图 5-6　添加"内阴影"样式

第六步：选择"圆角矩形 1 副本"图层并为其添加外发光样式，参数如图 5-7 所示，接着设置前景色(R：20，G：87，B：10)，效果如图 5-8 所示。

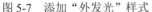

图 5-7　添加"外发光"样式　　　　　　　图 5-8　添加样式效果图

第七步：选择"椭圆工具" ，如图 5-9 所示，设置填充为"白色"，不描边，在画布中拖拽出如图 5-10 所示的形状并设置"不透明度"为"50%"。

图 5-9　椭圆工具属性设置　　　　　　　图 5-10　椭圆工具拖曳出的形状

第八步：选中"圆角矩形 1 副本"图层，在路径窗口中选中"圆角矩形 1 副本形状路径"，点击右键，在弹出的下拉菜单中选择"建立选区"，如图 5-11、图 5-12 所示。

图 5-11　建立选区　　　　　　　　　图 5-12　选区效果图

第九步：新建图层，命名为"图层 1"，为该图层添加图层蒙版，然后按 Ctrl 键并用鼠标点击"图层 1"的蒙版图层，再次载入选区，如图 5-13、图 5-14 所示。

图 5-13　添加图层蒙版　　　　　　　图 5-14　添加图层蒙版效果图

第十步：执行"编辑"→"描边"命令，在弹出的"描边"窗口设置参数，如图 5-15 所示。

第十一步：选择"渐变工具" ，选择"黑、白渐变"模式，然后选中"图层 1"的蒙版图层，鼠标由上到下在选区中拖拽，效果如图 5-16 所示。

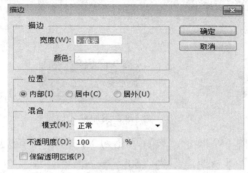

图 5-15　描边参数　　　　　　　　　　图 5-16　渐变效果图

第十二步：选中所有图层，按组合键 Ctrl + G 组合图层，命名为"水晶按钮"，再按组合键 Ctrl+J 复制组，命名为"倒影"，如图 5-17 所示。最后按组合键 Ctrl +T 进行"自由变换"调整，使图片垂直旋转，效果如图 5-18 所示。

图 5-17　图层选项卡　　　　　　　　　　图 5-18　垂直旋转效果图

第十三步：用"蒙版"工具 <span></span> 给"倒影"图层添加蒙版，再利用"渐变工具" <span></span>(黑、白渐变模式)产生渐变效果，最后调整不透明度为"30%"。效果如图 5-19 所示。

第十四步：选择"横排文字工具" <span></span>，单击画布，当出现闪动的竖线后，在选项栏中设置字体为"Arial"，字体样式为"Bold"，字体大小为"32 点"，文本颜色为"灰色"(R：205，G：205，B：205)，最后在画布中输入英文字符"submit"，效果如图 5-20 所示。

图 5-19　渐变后效果图　　　　　　图 5-20　最终效果图

5.3　实例 2：制作扁平风格按钮

本案例将带领大家绘制一款与水晶风格不同的扁平风格按钮，其效果如图 5-21 所示。通过本案例的学习，读者能够掌握"圆角矩形""文字""图层样式""图层蒙版"等工具的使用，并了解到【扁平风格】与【水晶风格】按钮的区别。

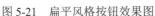

图 5-21 扁平风格按钮效果图 扁平按钮制作视频讲解

第一步：启动 Photoshop CS6，执行"文件"→"新建"命令，在打开的"新建"对话框中输入文件的名称为"实例 2：制作扁平风格按钮，"宽度为 300 像素，高度为 200 像素，分辨率为 72 像素/英寸，颜色模式为 RGB 颜色，背景内容为默认白色，如图 5-22 所示。

图 5-22 新建文件参数设置

第二步：按组合键 Ctrl+J 复制背景图层，设置前景色为"灰色"(R：238，G：238，B：238)，按组合键 Ctrl+Delete 为画布填充背景色。

第三步：设置前景色为"绿色"(R：129，G：229，B：156)，选择"圆角矩形工具"【U】(按组合键 Shift+U 可转换形状工具)，在画布中点击弹出"创建圆角矩形"参数框，设置宽度为"230 像素"，高度为"80 像素"，半径为"40 像素"，如图 5-23 所示。

第四步：在画布中点击出现一个圆角矩形形状作为按钮的基本形状，并拖到画布合适的位置，如图 5-24 所示。

图 5-23 创建圆角矩形 图 5-24 绘制圆角矩形形状

第五步：选中"圆角矩形 1"图层，单击"添加图层样式"按钮 fx，弹出"图层样式"选择框，选择"内阴影"，设置混合模式为"正片叠底"，颜色为"绿色"(R：0，G：176，B：91)，不透明度为 75%，角度为 90 度，距离为 2 像素，阻塞为 0%，大小为 13 像素，如图 5-25、图 5-26 所示。

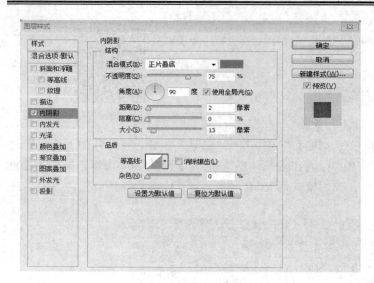

图 5-25　设置内阴影

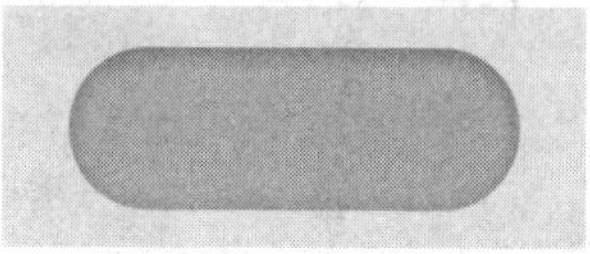

图 5-26　内阴影效果图

第六步：继续添加"外发光"样式，混合模式为"正常"，不透明度调整为 60%，颜色为"绿色"(R：129，G：229，B：156)，如图 5-27、图 5-28 所示。

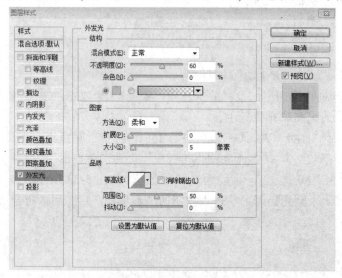

图 5-27　设置外发光

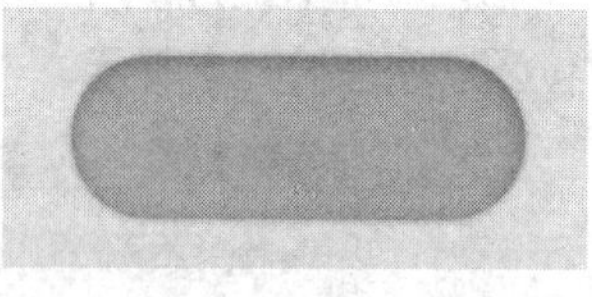

图 5-28　外发光效果图

第七步：为了层次感更强烈，可以选择"圆角矩形工具" ，在画布中绘制产生新的图层并命名为"圆角矩形 2"，参数设置如图 5-29 所示。

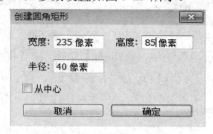

图 5-29　创建圆角矩形参数

第八步：同时选中"圆角矩形 1"图层和"圆角矩形 2"图层，对两个图层做垂直居中对齐  和水平居中对齐  操作。

第九步：调整"圆角矩形 2"图层的位置，将其放到"圆角矩形 1"图层的下面。再选中"圆角矩形 2"，单击"添加图层样式"按钮 fx，弹出"图层样式"选择框，选择"渐变叠加"项，设置渐变的前景色为"浅绿"(R：222，G：255，B：255)，背景色为"绿色"(R：173，G：232，B：191)，缩放为"150%"，如图 5-30、图 5-31 所示。

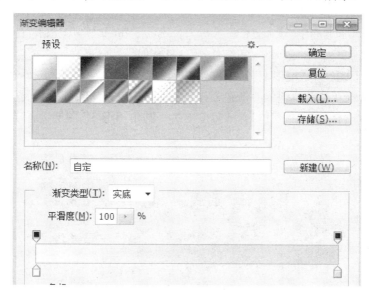

图 5-30　渐变颜色参数设置

图 5-31　渐变叠加设置

第十步：层次感效果如图 5-32 所示。

图 5-32　层次感效果图

第十一步：选择"圆角矩形工具" ，新建一个圆角矩形图层，命名为"圆角矩形

3"，参数设置如图 5-33(a)所示。调整"圆角矩形 3"图层到合适的位置，如图 5-33(b)所示。

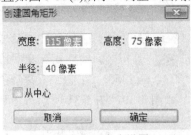

(a) 圆角矩形大小设置

(b) 调整到合适的位置

图 5-33　圆角矩形设置

第十二步：单击"添加图层样式"按钮 *fx*，弹出"图层样式"对话框，选择"渐变叠加"项，设置渐变的前景色为"灰色"(R：231，G：231，B：231)，背景色为"白色"(R：255，G：255，B：255)，缩放为"150%"，为"圆角矩形 3"图层设置样式，如图 5-34、图 5-35 所示。

图 5-34　渐变编辑器前景色及背景色设置

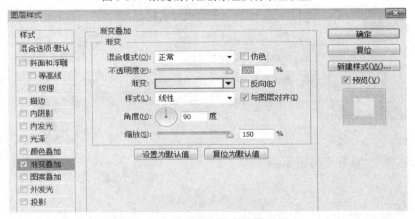

图 5-35　渐变叠加样式参数设置

第十三步：继续为"圆角矩形 3"图层添加"投影"样式，混合模式为"正片叠底"，颜色为"绿色"(R：103，G：195，B：182)，不透明度为"56%"，角度为 90 度，距离为 0 像素，大小为 8 像素，如图 5-36、图 5-37 所示。

图 5-36　投影样式参数设置

图 5-37　投影样式效果图

第十四步：按组合键 Ctrl + J 复制"圆角矩形 3"图层，命名为"圆角矩形 3 副本"图层。再按组合键 Ctrl + T 执行"自由变化"操作，接着右击鼠标，在弹出的快捷菜单中选择"缩放"命令，按组合键 Shift+Alt 等比例缩小，如图 5-38 所示。

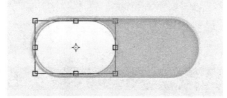

图 5-38　等比例缩放

第十五步：按 Enter 键确认"自由变化"形状。继续为"圆角矩形 3 副本"图层添加"渐变叠加"样式，渐变的前景色为"灰色"(R：231，G：238，B：239)，背景色为"白色"(R：255，G：255，B：255)，如图 5-39 所示。

第十六步：按组合键 Shift + Ctrl + Alt + N 新建一个图层，设置前景色为"白色"(R：255，G：255，B：255)，选择"椭圆工具" ，再按 Shift 键在画布中绘制出一个正圆，如图 5-40 所示。

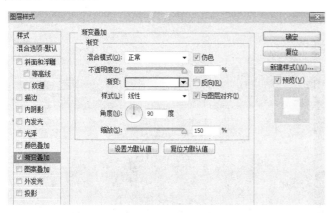

图 5-39　渐变叠加设置

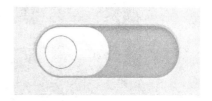

图 5-40　绘制凹陷小圆

第十七步：为制造凹陷小圆的效果，需要为"椭圆 1"图层设置样式。单击"添加图层样式"按钮 ，弹出"图层样式"对话框，选择"渐变叠加"项，设置渐变的前景色为
"白色"(R：255，G：255，B：255)，背景色为"灰色"(R：103，G：195，B：182)，缩
放为"150%"，如图 5-41、图 5-42 所示。

图 5-41　椭圆设置渐变叠加样式　　　　　　　　图 5-42　渐变叠加样式效果图

第十八步：选择"横排文字工具" T，单击画布，当出现闪动的竖线后，在选项栏
中设置字体为"Arial"，字体样式为"Regular"，字体大小为"24 点"，文本颜色为"灰色"
(R：205，G：205，B：205)，如图 5-43 所示。最后在画布中输入英文字符"Simple Switch"，
如图 5-44 所示。

图 5-43　"横排文字工具"选项栏

图 5-44　输入英文字符

第十九步：执行"窗口"→"字符"命令，在弹出的"字符设置"窗口中调整英文字
符的间距为"50"，如图 5-45、图 5-46 所示。

图 5-45　字符间距设置　　　　　　　　图 5-46　调整字符间距效果图

5.4　实例 3：网站 **LOGO** 的设计与制作

LOGO 是网站形象的重要体现，也可以说是网站的名片。对于一个追求精美的网站，LOGO 更是它的灵魂所在，即所谓的"点睛"之处。LOGO 能使受众便于选择，一个好的 LOGO 往往会反映网站及制作者的某些信息，特别是对一个商业网站来讲，用户可以从中基本了解到这个网站的类型或者内容。在一个布满各种 LOGO 的链接页面中，这一点会突出地表现出来。在本实例中，将以绘制健身俱乐部网站 LOGO 为例，介绍 LOGO 的设计与制作的方法，其最终效果如图 5-47 所示。

图 5-47　网站 LOGO 最终效果图

LOGO 制作视频讲解

第一步：启动 Photoshop CS6，执行"文件"→"新建"命令，在打开的"新建"对话框中输入文件的名称"实例 3：网站 LOGO 的设计与制作"。

第二步：设置文件的宽度为 500 像素，高度为 500 像素，分辨率为 72 像素/英寸，颜色模式为"RGB 颜色"，背景颜色默认为"白色"，接着单击【确定】按钮，新建一个空白图像文件，如图 5-48 所示。

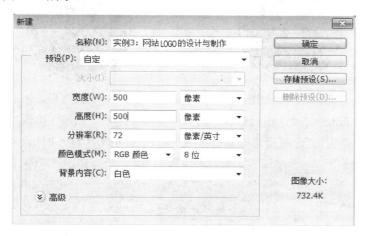

图 5-48　新建文件参数设置

第三步：选择"椭圆工具" ，在选项栏中将圆的填充色设为"黑色"(R：0，G：0，B：0)，描边为"黑色"(R：0，G：0，B：0)，描边粗细为"3 点"，如图 5-49 所示。

图 5-49　椭圆工具属性设置

　　第四步：按组合键 Shift + Ctrl + Alt + N 新建图层，命名为"椭圆"图层，再按组合键 Shift + Alt 在画布中拖出一个正圆形状，如图 5-50 所示。

图 5-50　　"椭圆 1"图层

　　第五步：再次选择"椭圆工具"，在选项栏中将圆的填充色设为"黑色"(R：0，G：0，B：0)，描边为"白色"(R：255，G：255，B：255)，描边粗细为"5 点"，如图 5-51 所示。

图 5-51　　"椭圆"工具属性设置

　　第六步：按组合键 Shift + Ctrl + Alt + N 新建图层，再按组合键 Shift + Alt 在画布中拖出一个正圆形状，如图 5-52 所示。

　　第七步：选择"椭圆 2"图层，按组合键 Ctrl + J 复制图层并命名为"椭圆 2 副本"图层。按组合键 Ctrl + T 进行自由变换，最后按组合键 Shift + Alt 以圆心为中心缩小，如图 5-53 所示。

图 5-52　效果图　　　　　　　　图 5-53　　自由变换效果图

　　第八步：按 Enter 键确认图形形状，选择"椭圆 2 副本"图层，单击"添加图层样式"按钮，选择"描边"，对描边样式的参数进行设置，如图 5-54 所示。

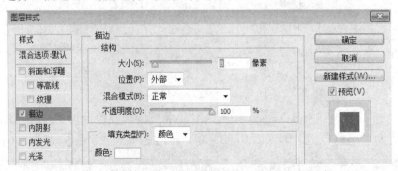

图 5-54　　描边样式参数设置

　　第九步：选择"椭圆工具"，在选项栏中将圆的填充色设为"黑色"(R：0，G：0，

B：0)，描边为"白色" (R：255，G：255，B：255)，描边粗细为"1.5 点"，如图 5-55 所示。

图 5-55　椭圆工具属性设置

第十步：按组合键 Shift + Ctrl + Alt + N 新建图层，再按组合键 Shift + Alt 在画布中适当位置拖出一个正圆形状，如图 5-56 所示。

第十一步：选择"椭圆 3"图层，按组合键 Ctrl + J 复制图层并命名为"椭圆 3 副本"图层，再按组合键 Ctrl + T 进行自由变换，最后按组合键 Shift + Alt 以圆心为中心放大，效果如图 5-57 所示。

图 5-56　正圆形状效果图　　　　　　图 5-57　效果图

第十二步：按组合键 Shift + Ctrl + Alt + N 新建图层，选择"椭圆工具"，在选项栏中将圆的填充色设为"黑色" (R：0，G：0，B：0)，描边为"黑色" (R：0，G：0，B：0)，描边粗细为"1.5 点"，如图 5-58 所示。

图 5-58　椭圆工具属性设置

第十三步：在"椭圆 2 副本"图层合适的位置拖拽出小正圆，并按 Alt 键在图层中复制出一圈小圆，效果如图 5-59 所示。

图 5-59　小正圆

第十四步：按组合键 Ctrl + G 将小圆的所有图层合并到一个组里，并命名为"小圆"。

第十五步：按组合键 Shift + Ctrl + Alt + N 新建图层，再选择"圆角矩形工具"，在选项栏中将圆的填充色设为"白色"，描边为"黑色"，描边粗细为"0.2 点"，半径为"3 像素"，如图 5-60 所示。

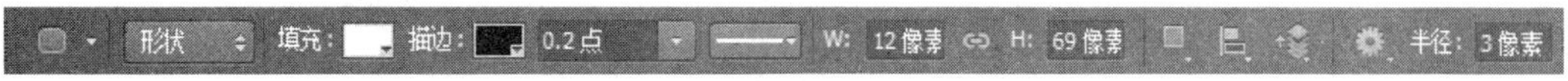

图 5-60　圆角矩形工具属性设置

第十六步：利用"圆角矩形工具" 在画布圆的正中心绘制出哑铃形状，如图 5-61 所示。

图 5-61　哑铃形状

第十七步：按组合键 Ctrl＋G 将组成哑铃形状的所有图层合并到一个组里，并命名为"哑铃形状"。

第十八步：按组合键 Shift＋Ctrl＋Alt＋N 新建图层，再选择"椭圆工具" ，在选项栏中选择"路径"，如图 5-62 所示。最后将鼠标指针置于画布中心位置，按住组合键 Shift＋Alt 不放，绘制正圆路径，其大小和位置如图 5-63 所示。

图 5-62　椭圆工具属性设置　　　　　　　　图 5-63　绘制路径圆

第十九步：选择"横排文字工具" T ，将鼠标指针置于左侧正圆路径上，当光标闪烁时即可输入文字。接着建立路径文字的起点，输入文字"POWERHOUSE GYM"，然后选择"路径选择工具" 将文字调整到合适位置，效果如图 5-64 所示。

第二十步：复制"POWERHOUSE GYM"图层，接着选择"横排文字工具" T ，将鼠标指针置于左侧正圆路径上，当光标闪烁时在输入文字"REACH YOUR POTENTIAL"，然后选择"路径选择工具" 将文字调整到合适位置，效果如图 5-65 所示。

图 5-64　文字图层 1　　　　　　　　图 5-65　文字图层 2

第二十一步：按组合键 Shift＋Ctrl＋Alt＋N 新建图层，接着选择"多边形工具" ，

在选项栏中选择"形状"，填充为"白色"，描边为"黑色"，边设置为"5"，如图 5-66
所示。

图 5-66　多边形工具属性设置

第二十二步：在图中绘制五角星并将其拖放到合适的位置，效果如图 5-67 所示。

第二十三步：为了使该 LOGO 能与网页上其他图像元素完美融合，需要将图片的背景
改成透明背景。选中背景图层，按 Delete 键删除背景图层，效果如图 5-68 所示。

图 5-67　五角星绘制

图 5-68　透明背景

第二十四步：执行"文件"→"存储为"命令，将图片保存为 PNG 格式，如图 5-69
所示。

图 5-69　文件保存为 PNG 格式

5.5　实例 4：像素小图标的设计与制作

图标是网页中的常见元素，主要功能是表意，也包含装饰及品牌传递的作用。其中存
储为 GIF、PNG 等位图格式的图标被称为像素图标，大小通常为 16 px、24 px、32 px 等。
本例将以绘制一个像素风格的人物为例，介绍像素小图标的设计与制作的方法，效果图如
图 5-70 所示。

像素小人制作
视频讲解

图 5-70　像素小图标效果图

第一步：启动 Photoshop CS6，执行"文件"→"新建"命令，在打开的"新建"对话框中输入文件的名称为"实例 4：像素小图标的设计与制作"，宽度为 100 像素，高度为 100 像素，分辨率为 72 像素/英寸，颜色模式为"RGB 颜色"，背景内容为"背景色"(灰色，R：238，G：238，B：238)，如图 5-71 所示。

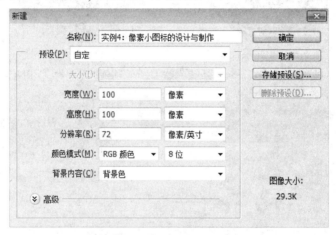

图 5-71　新建文件参数设置

第二步：执行"编辑"→"首选项"→"参考线、网格和切片"命令，设置网格线间隔为 1 像素，如图 5-72 所示。

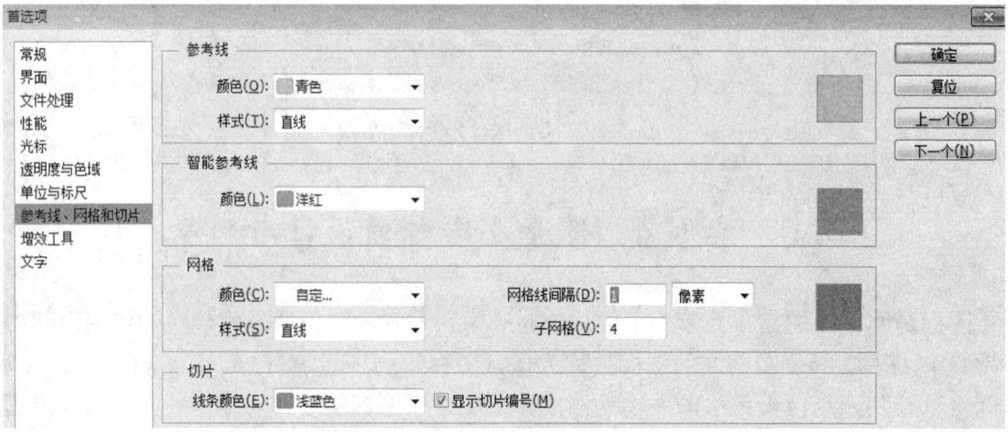

图 5-72　设置网格线间隔

第三步：选择"缩放工具" 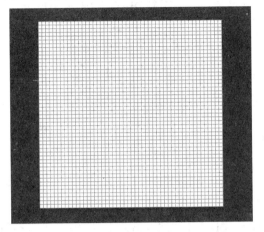，放大画布 300%。再在菜单栏中选择"视图"→"显示"，显示图片中的网格，如图 5-73 所示。

第四步：按组合键 Shift + Ctrl + Alt + N 新建图层，将图层命名为"腿部和身体躯干部分"。选择"铅笔工具"，设置大小为"1 像素"。设置前景色为"肉粉色"(R：252，G：193，B：147)，绘制宽 2 像素、高 9 像素的腿部，身体躯干部分宽 5 像素、高 9 像素，如图 5-74 所示。

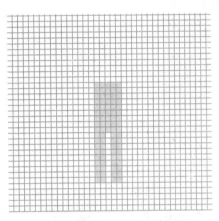

图 5-73　网格线　　　　　　　　　图 5-74　腿部和身体躯干部分

第五步：按组合键 Shift + Ctrl + Alt + N 新建图层，将图层命名为"脚部和肩部"，继续选择"铅笔工具"，大小为"1 像素"，绘制出脚部(宽 3 像素、高 1 像素)和肩膀部分(在躯干的两边分别添加 1 像素的宽度)，如图 5-75 所示。

第六步：按组合键 Shift + Ctrl + Alt + N 新建图层，将图层命名为"颈部和头部"。继续选择"铅笔工具"，大小为"1 像素"，绘制出颈部(宽 3 像素、高 1 像素)和头部(宽 5 像素、高 5 像素)，如图 5-76 所示。

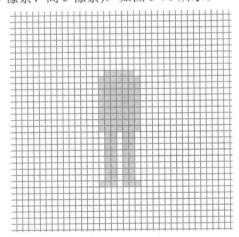
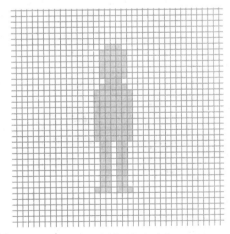

图 5-75　绘制脚部和肩部　　　　　　　图 5-76　绘制颈部和头部

第七步：按组合键 Shift + Ctrl + Alt + N 新建图层，将图层命名为"眼睛"。接着开始设置面部特征，选择"铅笔工具"，大小为"1 像素"，设置前景色为"灰色"(R：192，G：153，B：133)绘制眼睛，如图 5-77 所示。

第八步：按组合键 Shift + Ctrl + Alt + N 新建图层，将图层命名为"头发"。再设置前景色为"深棕色"(R：104，G：71，B：39)绘制宽 5 像素、高 2 像素的头发形状。绘制完头发之后修改前景色为"浅棕色"(R：178，G：133，B：94)，绘制出发鬓效果，如图 5-78 所示。

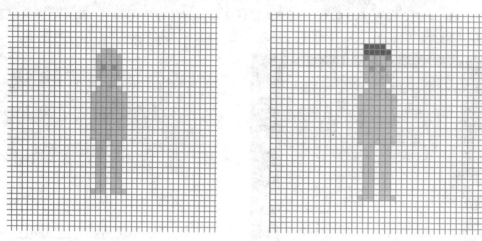

图 5-77　绘制眼睛　　　　　　　　　　　　图 5-78　绘制头发和发鬓

第九步：按组合键 Shift + Ctrl + Alt + N 新建图层，将图层命名为"裤子"。设置前景色为"蓝色"(R：104，G：161，B：180)，在身体上绘制出裤子的效果，如图 5-79 所示。

第十步：按组合键 Shift + Ctrl + Alt + N 新建图层，将图层命名为"鞋子"。设置前景色为"灰色"(R：145，G：145，B：145)，绘制出鞋子的效果，如图 5-80 所示。

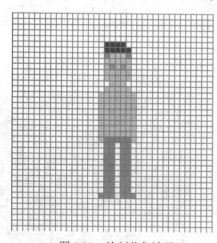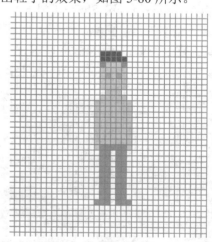

图 5-79　绘制蓝色裤子　　　　　　　　　　图 5-80　绘制鞋子

第十一步：按组合键 Shift + Ctrl + Alt + N 新建图层，将图层命名为"衬衣"。设置前景色为"红色"(R：234，G：46，B：38)，绘制出红色衬衣的效果，如图 5-81 所示。

第十二步：可以在衬衫的中间增加细节，例如领带或者其他一些图形，这里将添加一些(低对比度)条纹。按组合键 Shift + Ctrl + Alt + N 新建图层，将图层命名为"条纹"。设置前景色为"红色"(R：255，G：80，B：57)绘制出条纹，如图 5-82 所示。

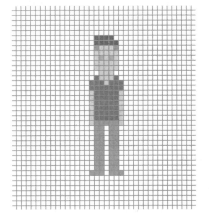

图 5-81　绘制衬衣

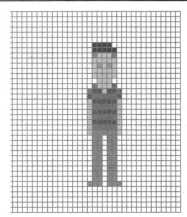

图 5-82　绘制条纹

第十三步：按组合键 Shift + Ctrl + Alt + N 新建图层，将图层命名为"外套"。设置前景色为"灰色"(R：255，G：80，B：57)绘制出外套，如图 5-83 所示。

第十四步：在所有的像素人物和衣服绘制完成后，将添加触摸阴影对应于不同体积的像素。按组合键 Shift + Ctrl + Alt + N 新建图层，将图层命名为"阴影"。设置前景色为"黑色"(R：0，G：0，B：0)绘制阴影，如图 5-84 所示。

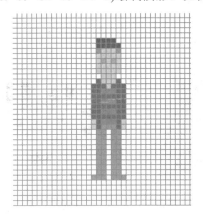

图 5-83　绘制外套

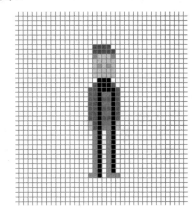

图 5-84　绘制阴影

第十五步：调整 "阴影"图层的不透明度为"15%"，如图 5-85 所示。

第十六步：在菜单栏中选择"视图"→"显示"中去掉"网格"选项，如图 5-87 所示。

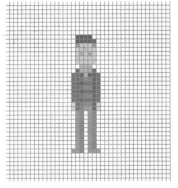

图 5-85　调整不透明度

图 5-86　最终效果图

5.6　课后实践练习

实践训练：网页按钮与图标的制作

【实践目标】

熟悉 PhotoShop CS6 软件的"形状工具""渐变工具""文字工具"等的使用，掌握图层的"内阴影""外发光""渐变叠加"等样式的设置。

【实践流程】

(1) 新建源文件，根据实践题目名称对其命名。

(2) 合理利用多个图层将目标图像分解成一个个部件来完成。

(3) 根据效果图，对图像完成整体调整。

【实践题目】

(1) 利用图层样式的设置相关知识，制作一个蓝色水晶风格的 LOGO，效果如图 5-87 所示。

(2) 利用"形状工具"和"图层"蒙版等相关知识，制作一个扁平风格的按钮，效果如图 5-88 所示。

(3) 绘制一个像素小图标，效果如图 5-89 所示。

图 5-87　蓝色水晶风格 LOGO　　　图 5-88　扁平风格的按钮　　　图 5-89　像素小图标

习题答案

第 6 章　网页特效文字的设计与制作

【学习目标】

- 理解网页中特效文字的作用和重要性。
- 掌握几种常用特效文字的设计和制作方法。

6.1　特效文字在网页中的应用

文字作为信息的基本载体，是网页设计中不可缺少的视觉要素之一，具有传播信息最直接、最通用、最容易等特点。文字这种视觉符号在长期的演变过程中，经历了从简单到复杂再到简练这样漫长的发展历程。每个文字都有其自身的含义和独特的外在形态。

随着时代的发展，传统媒体中的字体设计，在面对以数字技术为依托的新媒体时已经很难奏效了。在网页设计中，字体要服从于网页设计的整体风格，字体要符合视觉流程与习惯，字体和图片要相得益彰；屏幕字体在满足作品主题需要的同时，其字形结构要清晰易读，并且主次分明以便于瞬间读取。除了使用现有字体或设计原创字体之外，设计师还常常使用折中的方法，即在现有字体的基础上再创造特效。特效文字不仅可以表现出文字内容，还可以在视觉效果上大放异彩。在网站结构中，网站导航、栏目标题、广告栏等部分都会使用到特效文字。

如图 6-1 和图 6-2 所示，同样是庆祝母亲节，由于使用了不同的文字效果，带来的感觉也完全不同，第一张图片带来了更多温暖、柔和的感觉，而第二张图片的文字效果则给访问者带来了更多的商业促销气息。

图 6-1　母亲节特效文字作品一

图 6-2　母亲节特效文字作品二

6.2　实例 1：玻璃特效文字

第一步：新建一个 650 像素×350 像素的文件，打开图 6-3 所示背景素材，根据需要调整使其与画布重合。

第二步：在背景中输入文字，文字大小、字体由自己设定，也可以下载更漂亮的字体，效果将更佳。然后根据文件大小，利用"变形工具"适当调整文字的大小，最终效果如图 6-4 所示。

图 6-3　背景素材

图 6-4　添加文字

第三步：将文字图层复制 3 次，这样一共有 4 个文字图层，并把每个文字图层的填充设置为"0%"，如图 6-5 所示。

图 6-5　复制图层

玻璃特效文字
制作视频讲解

　　第四步：双击"玻璃"图层，添加图层样式"斜面和浮雕"，参数设置如图 6-6 所示。

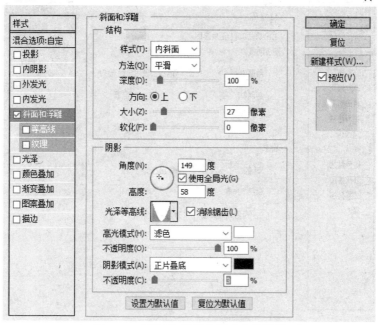

图 6-6　"斜面和浮雕"样式参数设置

　　第五步：在"斜面和浮雕"样式下添加图层子样式"等高线"，参数设置如图 6-7 所示。

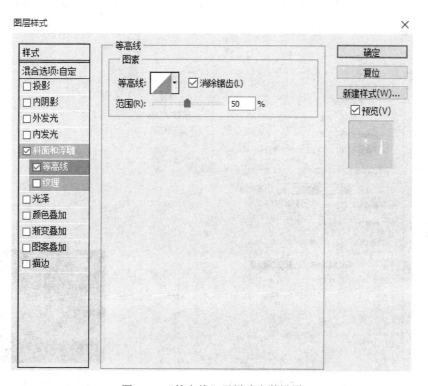

图 6-7　"等高线"子样式参数设置

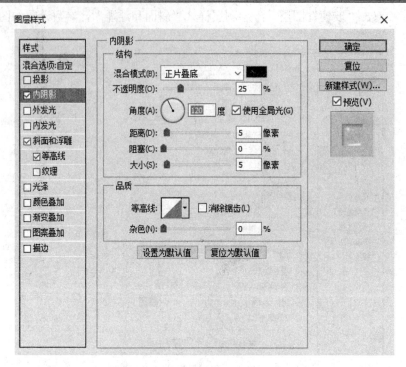

图 6-8 "内阴影"样式参数设置

第六步：添加图层样式"内阴影"，参数设置如图 6-8 所示。

第七步：添加图层样式"描边"，参数设置如图 6-9 所示，设置完之后的文字外观效果如图 6-10 所示。

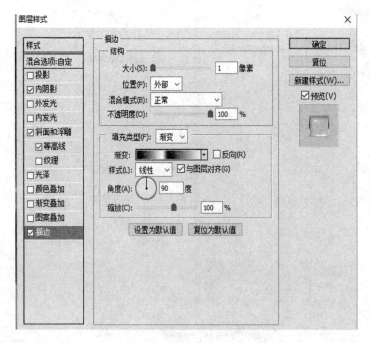

图 6-9 "描边"样式参数设置   图 6-10 文字外观效果图

第八步：选中"玻璃副本"图层，添加图层样式"斜面和浮雕"，参数设置如图 6-11 所示。

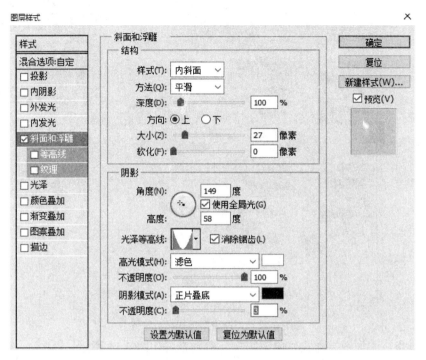

图 6-11　"斜面和浮雕"样式参数设置

第九步：添加图层子样式"等高线"，参数设置如图 6-12 所示。

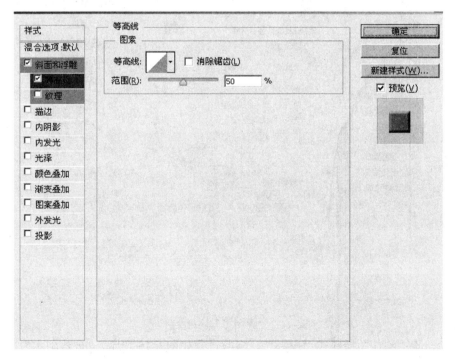

图 6-12　"等高线"样式参数设置

第十步：添加图层样式"描边"，参数设置如图 6-13 所示。

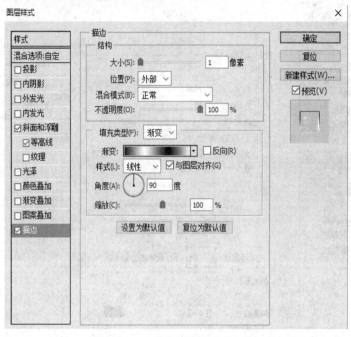

图 6-13 "描边"样式参数设置

第十一步：添加图层样式"内阴影"，参数设置如图 6-14 所示。

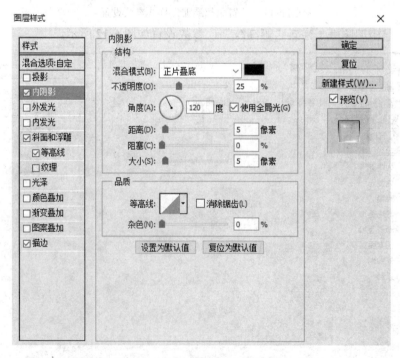

图 6-14 "内阴影"样式参数设置

第十二步：添加图层样式"投影"，参数设置如图 6-15 所示，"玻璃副本"图层设置的效果如图 6-16 所示。

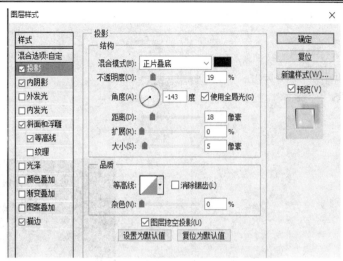

图 6-15　"投影"样式参数设置

图 6-16　"玻璃副本"图层效果

第十三步：选中"玻璃副本 2"图层，添加"斜面和浮雕"样式和"等高线"子样式，参数设置如图 6-17 和图 6-18 所示，效果如图 6-19 所示。

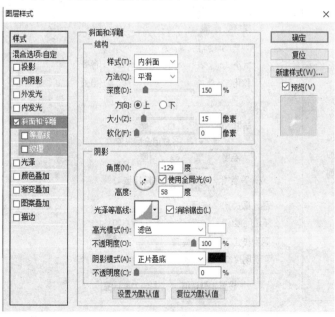

图 6-17　"斜面和浮雕"样式参数设置

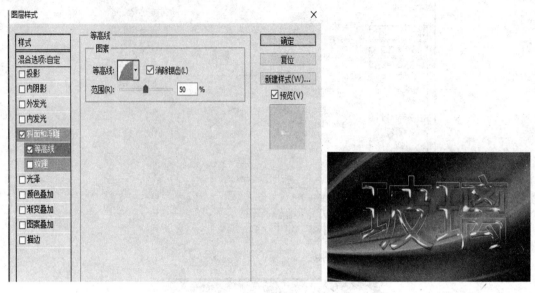

图 6-18　"等高线"子样式参数设置　　　　　图 6-19　"玻璃副本 2"图层效果

　　第十四步：选中"玻璃副本 3"图层，添加"斜面和浮雕"和"等高线"样式，参数设置如图 6-20 和图 6-21 所示。单击"面板"图层下方的【创建新的填充或调整图层】按钮，在弹出的下拉菜单中选择"渐变"，将弹出"渐变填充"对话框，在该对话框中进行参数设置，如图 6-22 所示，效果如图 6-23 所示。

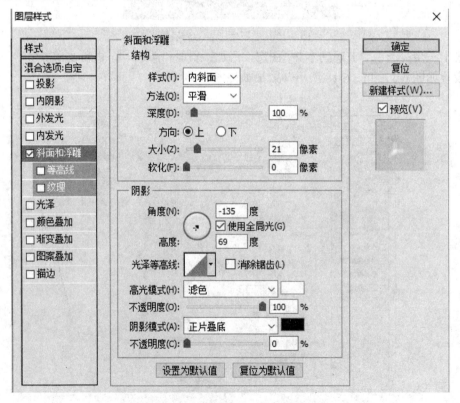

图 6-20　"斜面和浮雕"样式参数设置

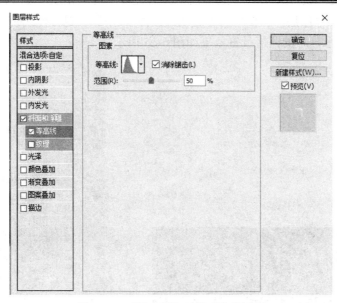

图 6-21　"等高线"子样式参数设置

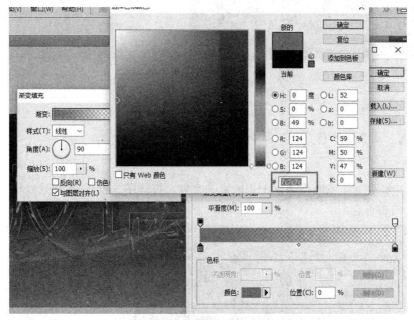

图 6-22　"渐变填充"图层参数设置

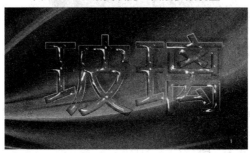

图 6-23　"玻璃副本 3"图层效果

　　第十五步：在"图层"面板中将不透明度改为"50%"，混合模式改为"线性加深"，效果如图 6-24 所示，总的图层设置效果如图 6-25 所示。

图 6-24　"玻璃字"制作效果

图 6-25　图层设置效果

6.3　实例 2：射线特效文字

　　第一步：新建一个 650 像素 × 350 像素的文件，打开图 6-26 所示背景素材，根据需要调整使其与画布重合。

图 6-26　背景素材

射线特效文字
制作视频讲解

　　第二步：在背景中输入文字，文字大小为"72 点"、"字体"为"隶书"，也可以下载更漂亮的字体，效果将会更佳。然后根据文件大小，利用"变形工具"适当调整文字的大小，最终效果如图 6-27 所示。

第三步：选中文字层，将文字栅格化，将矢量文字变成像素图像(否则无法选中)，如图 6-28 所示。

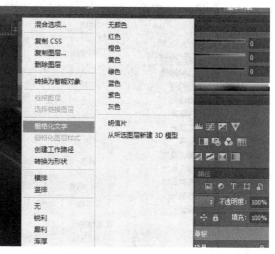

图 6-27　添加文字　　　　　　　　　　　　图 6-28　栅格化图层

第四步：按组合键 Ctrl + T 将文字自由变换，如图 6-29 所示。

图 6-29　文字自由变换

第五步：选择右键下拉菜单中的"透视"命令，使用"透视"方式，将图形调整至合适角度，如图 6-30 所示。

第六步：按组合键 Ctrl + J 复制图层得到图层副本，如图 6-31 所示。

图 6-30　透视调整　　　　　　　　　　　　图 6-31　图层副本

第七步：双击图层副本，添加图层样式"斜面和浮雕"(内斜面，斜面宽度设为 2 像素)

和"颜色叠加"(颜色随意，这里采用 #f56292)，如图 6-32 所示，添加后的效果如图 6-33 所示。

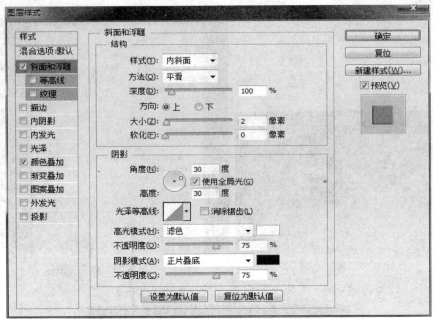

图 6-32　参数设置

图 6-33　效果图

第八步：新建一个图层，将"图层 1"拖到"副本图层"的下面，如图 6-34 所示。

第九步：合并"副本图层"与"图层 1"，如图 6-35 所示。

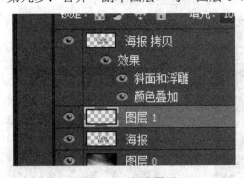

图 6-34　新建图层

图 6-35　合并图层

第十步：再次复制"图层 1"，命名为"图层 1 副本"，并且按组合键 Ctrl + T 进行自由变换，如图 6-36 所示。

图 6-36　复制且自由变换

第十一步：在工具栏调整横纵比，并把位置向右移动 2 个像素点，再按回车键确认变换，如图 6-37 所示。

图 6-37　调整横纵比

第十二步：接着按组合键 Ctrl + Alt + Shift + T 快速地复制并且移动文字，次数越多，立体效果将越强，如图 6-38 所示。

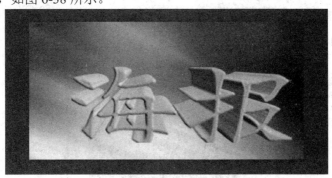

图 6-38　立体效果

第十三步：把背景图层和原图层先隐藏，再合并所有可见图层，如图 6-39 所示。

图 6-39　合并可见图层

第十四步：把原图层移到"图层 1"的上面，再按组合键 Ctrl + T 变形到遮住立体效果，如图 6-40 所示。

图 6-40　变形效果

第十五步：对该图层添加"图层样式""颜色叠加"(选择比立体效果淡一点的颜色或自己喜欢的颜色)和"投影"(角度设置为 33 度)，参数设置如图 6-41 所示，最终效果如图 6-42 所示。

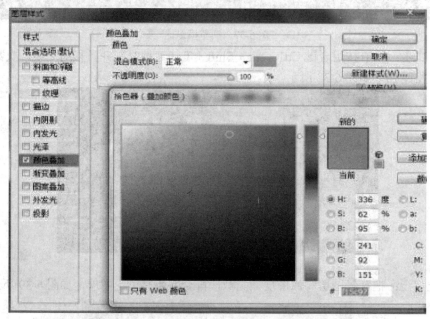

图 6-41　"颜色叠加"和"投影"样式参数设置

图 6-42　最终效果

6.4　实例 3：石材特效文字

第一步：新建文件，参数设置如图 6-43 所示。

石材特效文字
制作视频讲解

图 6-43　新建文档参数设置

第二步：选择左侧工具箱中的"横排文字工具"，设置字体为"Arial"，分层输入文字，可以调整每层的文字大小达到自己满意的效果，调整之后的效果和图层如图 6-44、图 6-45 所示。

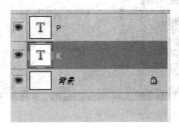

图 6-44　文字效果　　　　　　　　图 6-45　文字图层

第三步：把这些文字图层合并为一个图层，命名为"PK 文字"，新建一个图层并填充白色，命名为"石头背景"，如图 6-46 所示。

第四步：进入"通道"面板，新建一个"Alpha1"通道，如图 6-47 所示。

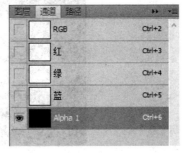

图 6-46　图层缩略图　　　　　　　图 6-47　新建"Alpha1"通道

第五步：执行"滤镜"→"渲染"→"云彩"命令，多按几次组合键 Ctrl + F，直到云彩均匀分布，然后把通道命名为"云彩"，效果如图 6-48 所示。

图 6-48　云彩通道效果

第六步：复制"云彩通道"图层，命名为"石头地图"，然后选择菜单中的"滤镜"→"渲染"→"分层云彩"选项，效果如图 6-49 所示。再次复制"石头背景"通道图层，通道图层如图 6-50 所示。

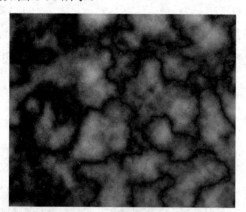

图 6-49　添加"石头地图"通道后的效果

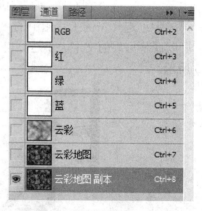

图 6-50　通道设置截图

第七步：回到"图层"面板，将"石头背景"图层隐藏，按 Ctrl 键的同时左键点击文字缩略图，载入文字选区，如图 6-51 所示。

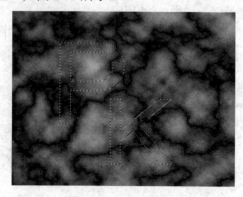

图 6-51　载入文字选区

第八步：回到"通道"面板，选择"云彩地图副本"通道，然后选择菜单中的"选择"
→"修改"→"羽化"选项，设置羽化半径为"2"，效果如图 6-52 所示。

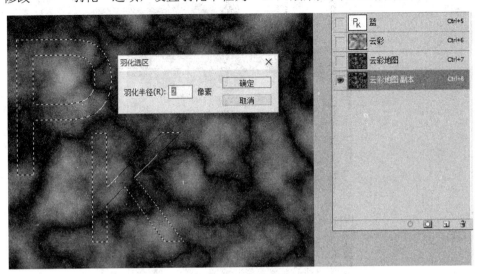

图 6-52　羽化效果

第九步：把"前景色"设置为白色，选择"画笔工具"，在选项栏中把模式设置为"叠
加"，不透明度设置为"50%"，然后在选区中涂抹，得到黑白分明的效果，如图 6-53、
图 6-54 所示。

图 6-53　"画笔"参数设置

图 6-54　画笔涂抹效果

第十步：在画笔选项栏中将模式改为"正常"，不透明度改为 100%，然后慢慢涂抹

选区边缘，涂好后取消选区，如图 6-55 和图 6-56 所示。

图 6-55　"画笔"参数设置

图 6-56　"画笔"涂抹效果

第十一步：回到"图层"面板，将"石头背景"显示出来，然后选择菜单中的"滤镜"
→"渲染"→"光照效果"选项，纹理通道选择"云彩地图"，如图 6-57 和图 6-58 所示。

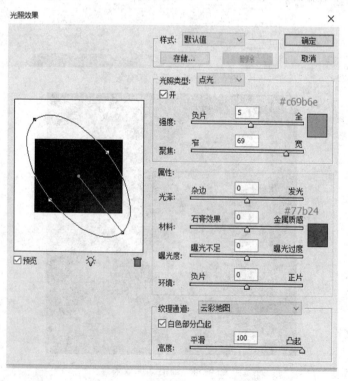

图 6-57　"光照效果"参数设置

图 6-58　添加"光照效果"

第十二步：复制"石头背景"图层，命名为"stone sharp"，再选择菜单中的"滤镜"→"其他"→"高反差保留"选项，将半径设置为"25"，确定后把混合模式改为"线性光"，不透明度改为"50%"，效果如图 6-59 所示。

第十三步：添加图层蒙版，选择"渐变工具"，颜色设置为"白色至黑色"，渐变类型选择"径向渐变"，从中心向边角拉出白色至黑色径向渐变，如图 6-60 所示。

图 6-59　图层设置　　　　　　　　　　图 6-60　添加"渐变"效果后的图层

第十四步：新建一个图层，按组合键 Shift + Ctrl + Alt + E 盖印图层，并命名为"Stone Blur"，如图 6-61 所示。

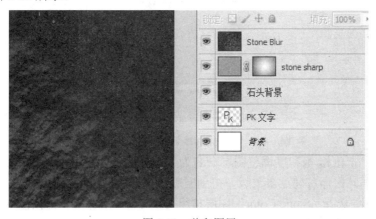

图 6-61　盖印图层

第十五步：选择菜单中的"滤镜"→"模糊"→"高斯模糊"选项，将半径设置为"3"，效果如图 6-62 所示。

第十六步：按 Ctrl 键的同时点击"stone sharp"蒙版得到选区，选择"Stone Blur"图层添加图层蒙版，再选择菜单中的"图像"→"调整"→"反相"，效果如图 6-63 所示。

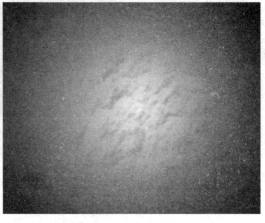

图 6-62　"高斯模糊"效果　　　　　　　　　　图 6-63　"反相"后效果

第十七步：创建色相/饱和度调整图层，参数设置及效果如图 6-64 所示。

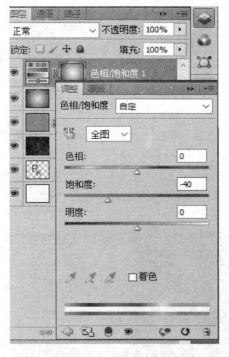

图 6-64　色相/饱和度调整图层参数设置

第十八步：把色相/饱和度调整图层命名为"Stone Color"。选择"stone sharp"图层，按住 Alt 键的同时鼠标左键点击蒙版，得到蒙版放大图，按组合键 Ctrl + A 全选，按组合键 Ctrl + C 复制，选择"Stone Color"图层按组合键 Ctrl + V 粘贴，再按住 Alt 键并用鼠标左击蒙版，效果如图 6-65 所示。

图 6-65　图层截图

第十九步：新建一个图层，填充白色。选择菜单中的"滤镜"→"渲染"→"光照效果"选项，图层样式继续沿用第十一步的参数设置，只是"纹理通道"要选择"云彩地图副本"，效果如图 6-66 所示。

图 6-66　光照效果后样式

第二十步：把图层命名为"King Stone Text"。按住 Ctrl 键的同时点击文字图层缩略图载入选区，选择菜单中的"选择"→"修改"→"扩展"选项，将扩展量设置为"3"，然后给"King Stone Text"图层添加图层蒙版，效果如图 6-67 所示。

图 6-67　添加图层蒙版后效果

第二十一步：添加"斜面和浮雕"样式，参数设置如图 6-68 所示；添加"等高线"子样式，参数设置如图 6-69 所示；添加"纹理"子样式，参数设置如图 6-70 所示；最后添加"投影"样式，参数设置如图 6-71 所示。

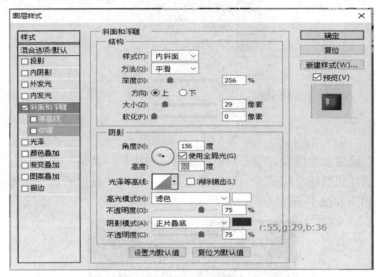

图 6-68　"斜面和浮雕"样式参数设置

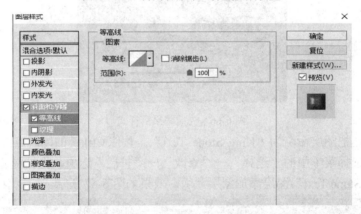

图 6-69　"等高线"子样式参数设置

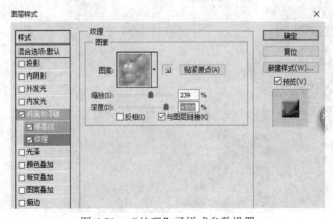

图 6-70　"纹理"子样式参数设置

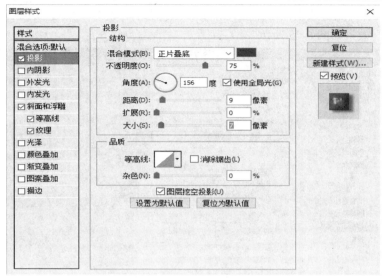

图 6-71　"投影"样式参数设置

第二十二步：最终效果如图 6-72 所示。

图 6-72　最终效果图

6.5　实例 4：火焰特效文字

第一步：建立一个大小为 650 像素 × 350 像素的新文件，背景为黑色。

第二步：在背景中输入文字"PS"，文字大小、字体自由设定，也可以下载更漂亮的字体，效果更佳。将填充设置为"白色"，然后根据文件大小，利用"变形工具"适当调整文字的大小，最终效果如图 6-73 所示。

图 6-73　文字效果图

火焰特效文字
制作视频讲解

第三步：右键点击文字图层，选择"混合选项"，勾选"外发光"样式，参数设置如图 6-74 所示，效果如图 6-75 所示。

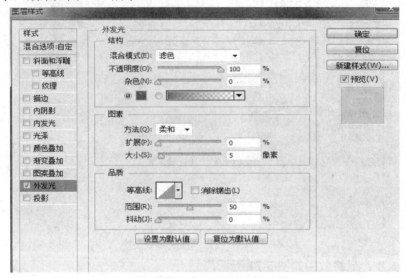

图 6-74　"外发光"样式参数设置

图 6-75　"外发光"效果

第四步：添加"颜色叠加"样式，设置颜色为"褐色"(#A0522D)，参数设置如图 6-76 所示，效果如图 6-77 所示。

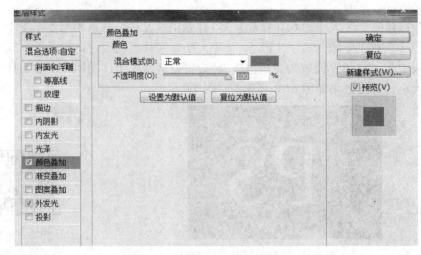

图 6-76　"颜色叠加"样式参数设置

图 6-77　"颜色叠加"效果

第五步：选择"光泽"，颜色为深红色，颜色值为"#ba1010"；再选择"内发光"，颜色为"黄色"，颜色值为"#ffff00"。参数设置及最终效果如图 6-78、图 6-79 及图 6-80 所示。

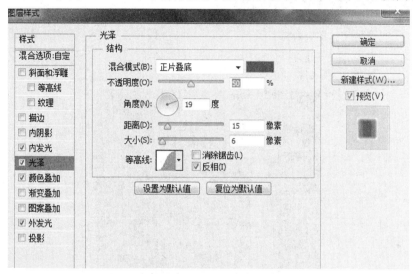

图 6-78　"光泽"参数设置

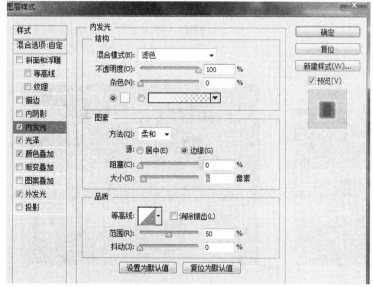

图 6-79　"内发光"参数设置

图 6-80　效果图举例

第六步：新建一个图层，将该图层与文字图层合并，按组合键 Shift + Ctrl + X 执行"液化"，在文字边缘呈现波浪效果，如图 6-81 和图 6-82 所示。

图 6-81 图层截屏　　　　　　　　　　图 6-82 "液化"后效果图

第七步：在"图层 1"上新建一个蒙版，选择"画笔"，前景色设置为"黑色"，涂抹文字边缘，效果如图 6-83 所示。

图 6-83 涂抹后效果图

第八步：载入"火焰"素材，进入"通道"面板，选择"绿色通道"图层，按 Ctrl 键的同时单击图层的火焰，载入"火焰"选区，返回"RGB"模式，火焰通道和火焰选区如图 6-84 和图 6-85 所示。

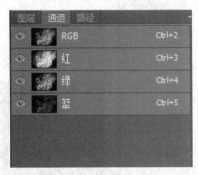

图 6-84 "火焰"通道　　　　　　　　　图 6-85 "火焰"选区

第九步：回到"图层"面板，复制粘贴"火焰"素材，放到图片层合适的位置。按

Ctrl＋T 键将自动变形，变换火焰的大小、形状使其适合文字"PS"的大小。

图 6-86　制作效果图

　　第十步：新建一个蒙版，选择"画笔工具"，前景色设置为"黑色"，把"火焰"素材多余的部分擦掉。

　　第十一步：多次重复第十一步操作。

　　第十二步：合并图层后执行"滤镜"→"模糊"→"高斯模糊"命令，选择合适的半径，参数设置如图 6-87 所示，模糊后的效果如图 6-88 所示。

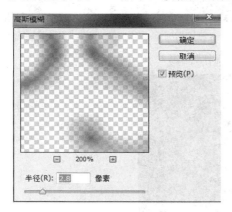

图 6-87　"高斯模糊"参数设置　　　　　　　图 6-88　"高斯模糊"后效果图

　　第十三步：修改混合模式，选择"叠加"，参数设置及效果如图 6-89 和图 6-90 所示。

图 6-89　图层设置截图　　　　　　　　　图 6-90　"叠加"后效果图

第十四步：在背景图层上新建一个图层，选择"椭圆形框选工具"，将羽化半径设置为"100"，填充为"红色"，将不透明度降低为"6%"，填充值为"50%"，参数设置及效果如图 6-91 所示。

图 6-91   "羽化"参数设置

第十五步：按组合键 Ctrl＋Alt＋E 合并所有图层，最终效果如图 6-92 所示。

图 6-92   最终效果图

6.6   实例 5：金属特效文字

制作步骤：

第一步：新建一个文件，大小为"400 像素×400 像素"，背景内容为"白色"，如图 6-93 所示。

金属特效文字
制作视频讲解

图 6-93　新建文件

第二步：将背景图片打开，复制、粘贴到背景文件上，如图 6-94 所示。

第三步：输入文字，调至为合适的字体、大小 (此例用的字体为"华文琥珀"，大小为"189"点，颜色为默认的"黑色")，如图 6-95 所示。

图 6-94　背景图片　　　　　　　　图 6-95　输入文字

第四步：右键点击文字图层，选择 "混合选项"，勾选"投影"，混合模式选择"正片叠底"，不透明度选择"100%"，勾选"消除锯齿"，具体参数设置如图 6-96 所示，效果如图 6-97 所示。

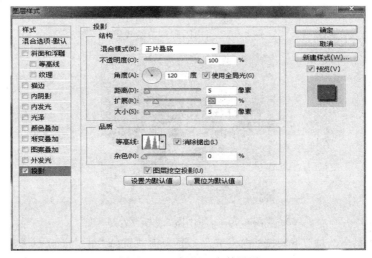

图 6-96　"投影"参数设置

图 6-97 "投影"后的文字效果

第五步："混合选项"下勾选"内阴影"，混合模式选择"正片叠底"，不透明度设置为"75%"，具体参数设置如图 6-98 所示，效果如图 6-99 所示。

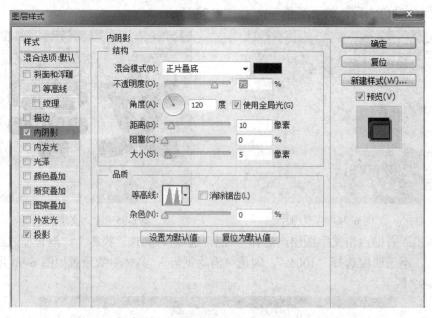

图 6-98 "内阴影"参数设置

图 6-99 "内阴影"文字效果

第六步："混合选项"下勾选"内发光"，混合模式选择"正常"，不透明度为"100%"，"图素"中的"方法"选择"精确"，具体参数设置及效果如图 6-100 和图 6-101 所示。

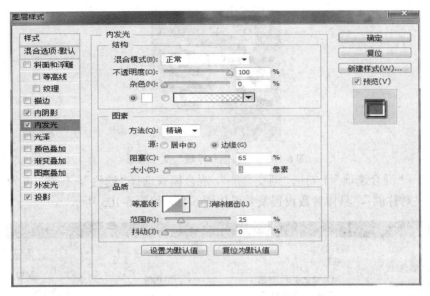

图 6-100　"内发光"参数设置

图 6-101　"内发光"文字效果

　　第七步："混合选项"下勾选"斜面和浮雕"，样式选择"内斜面"，方法选择"雕刻清晰"，深度为"1000%"，"阴影"下勾选"消除锯齿"，高光模式为"正常"，具体参数设置及效果如图 6-102 和图 6-103 所示。

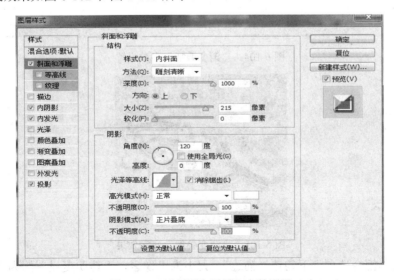

图 6-102　"斜面和浮雕"参数设置

图 6-103　　"斜面和浮雕"文字效果

第八步："混合选项"下勾选"渐变叠加"，混合模式选择"滤色"，不透明度为"100%"，样式选择"对称的"，具体参数设置及效果如图 6-104 和图 6-105 所示。

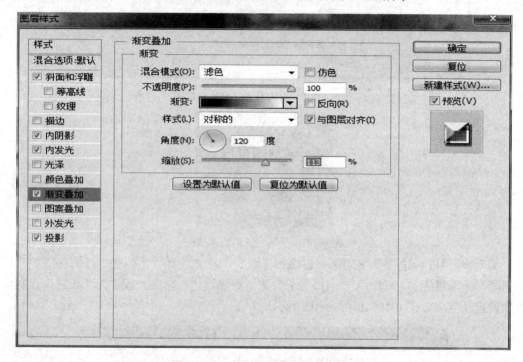

图 6-104　　"渐变叠加"参数设置

图 6-105　　"渐变叠加"文字效果

第九步："混合选项"下勾选"描边"，大小为 1 像素，不透明度设置约为"60%"，填充颜色为黑色，具体参数设置及效果如图 6-106 和图 6-107 所示。

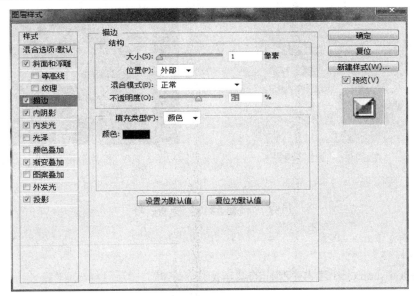

图 6-106　"描边"参数设置

图 6-107　"描边"文字效果

第十步：右键单击文字图层，选择"转换为智能对象"，然后为图层添加一个"内阴影"，具体参数设置及最终效果如图 6-108 和图 6-109 所示。

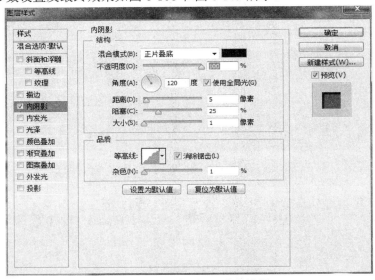

图 6-108　"内阴影"参数设置

图 6-109　最终效果

图 6-110　橙色塑胶字效果

6.7　课后实践练习

【实践目标】

熟悉 Photoshop CS6 艺术字制作的基本操作，掌握"图层"样式、"路径工具""滤镜"等的使用技巧。

【实践流程】

(1) 新建文件，输入要制作的艺术字。

(2) 利用路径工具、变形工具等对文字进行变形。

(3) 给文字制作立体效果。

(4) 综合图层样式、滤镜等工具将文字进一步美化，直到获得满意的效果。

【实践题目】

制作漂亮的橙色塑胶字，可以参考图 6-110 的效果。

习题答案

第 7 章 网页 Banner 的设计与制作

 【学习目标】

- 理解网页 Banner 的作用和重要性。
- 掌握几种常用网页 Banner 的设计和制作方法。
- 熟练掌握 Photoshop CS6 各种工具在实际应用中的使用方法。

7.1 实例 1：学校网站 Banner 设计与制作

制作步骤：

第一步：新建一个 1000 像素 × 350 像素的文件，背景颜色为"白色"。

第二步：创建三个组，分别命名为"文字""LOGO"和"背景"。

第三步：在背景组导入天空的素材，并调整到合适位置，如图 7-1 所示。

学校网站 Banner
设计与制作视频讲解

图 7-1　背景图层

第四步：把教学楼的素材导入到背景组内，放在背景图的右下角处，如图 7-2 所示。

图 7-2 "教学楼"图层效果

第五步：把树林的素材导入到背景组内，位置放在背景图的左下角处，"树林"图层在"教学楼"图层下面，效果如图 7-3 所示。

图 7-3 加入"树林"图层后的效果

第六步：把鸽子的素材导入到背景组内，放在背景图片中适当的位置，效果如图 7-4 所示。

图 7-4 加入"鸽子"图层后的效果

第七步：把"鸽子"图层拷贝一次，按组合键 Ctrl + T 适当缩小，并调整位置，效果如图 7-5 所示。

图 7-5 拷贝"鸽子"图层后的效果

第八步：在文字组新建一个文字图层，添加文字"国家示范学校"，颜色值为"#000000"。

图 7-6　加入"文字"图层

第九步：在"国家示范学校"文字上添加图层样式，参数设置如图 7-7 至图 7-11 所示。

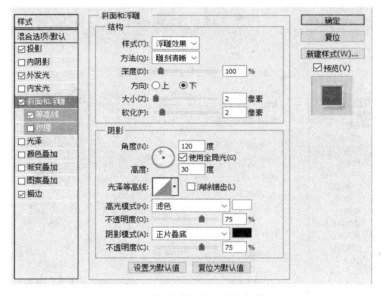

图 7-7　"斜面和浮雕"样式参数设置

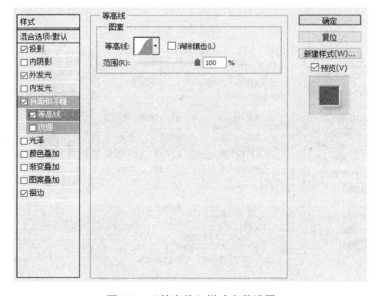

图 7-8　"等高线"样式参数设置

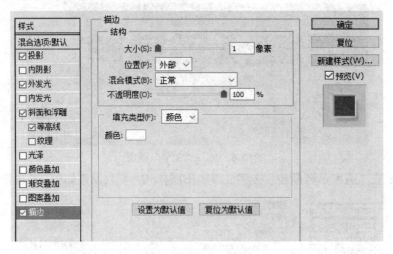

图 7-9 "描边"样式参数设置

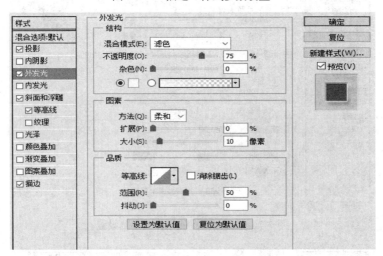

图 7-10 "外发光"样式参数设置

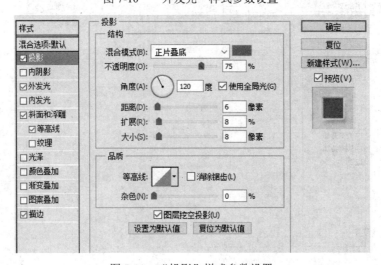

图 7-11 "投影"样式参数设置

第十步：添加完后的效果如图 7-12 所示。

图 7-12 "国家示范学校"文字效果

第十一步：在"国家示范学校"下面的适当位置写上三条标语，颜色值为"#834c08"，效果如图 7-13 所示。

图 7-13 标语外观

第十二步：为"标语文字"图层添加图层样式，参数设置如图 7-14 至图 7-17 所示，其中"颜色叠加"的颜色值为"#bb0a0a"，"渐变叠加"的颜色值分别选择"#ffba00"和"#ffea00"。

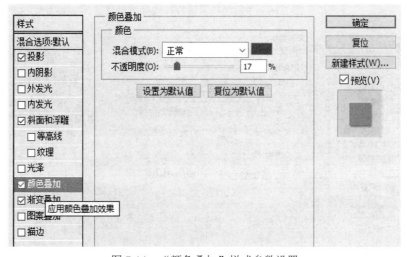

图 7-14 "颜色叠加"样式参数设置

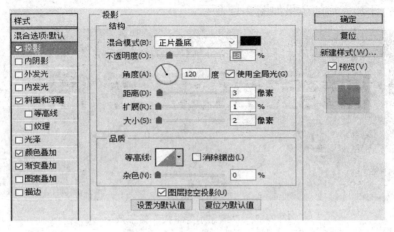

图 7-15 "投影"样式参数设置

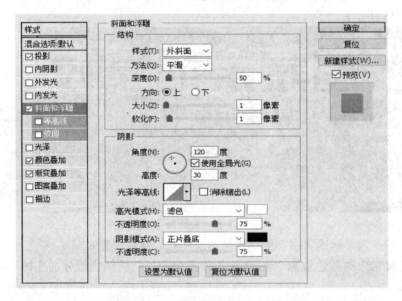

图 7-16 "斜面和浮雕"样式参数设置

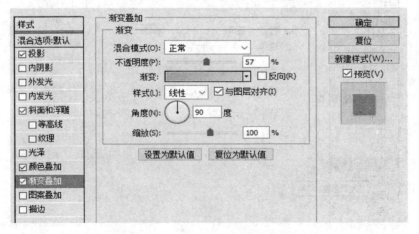

图 7-17 "渐变叠加"样式参数设置

第十三步：添加图层样式后的效果如图 7-18 所示。

图 7-18　标语效果

第十四步：在 LOGO 组新建一个图层，使用"椭圆工具"画出一个圆，设置填充颜色值为"#ffffff"，效果如图 7-19 所示。

图 7-19　"LOGO"中的圆形

第十五步：在该路径上进行描边，颜色值为"#4d905d"，效果如图 7-20 所示。

图 7-20　描边圆形

第十六步：用椭圆工具画出一个小于外圈的圆，并设置描边路径颜色为"#4d905d"，效果如图 7-21 所示。

图 7-21　描边圆形 2

　　第十七步：用钢笔工具在上半部分画出一个与内圈圆相近的半圆，并在该路径上添加文字"国家示范学校"，效果如图 7-22 所示。

图 7-22　LOGO 中的文字

　　第十八步：用同样的方法在圆形路径的下半圆部分添加英文"Demonstrational College"，效果如图 7-23 所示。

图 7-23　在 LOGO 中添加英文

　　第十九步：在内圈圆中分别导入"手"与"书本"的素材，制作好学校的 LOGO 后，学校 Banner 制作完毕，最终效果如图 7-24 所示。

图 7-24　最终效果

7.2　实例 2：科技公司 Banner 制作

制作步骤：

第一步：新建一个 1000 像素 × 400 像素，背景内容为"白色"的文件，如图 7-25 所示。

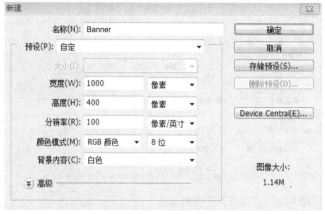

科技公司 Banner
制作视频讲解

图 7-25　新建文件

第二步：将背景内容设置为"蓝色"，效果如图 7-26 所示。

图 7-26　蓝色背景颜色效果

第三步：使用多边形工具在背景上绘制几个大小不一的三角形，均匀分布，效果如图 7-27 所示。

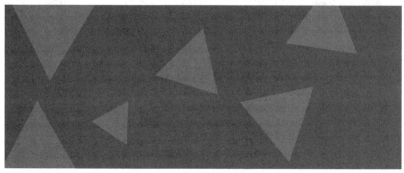

图 7-27　添加三角形后的效果

　　第四步：将三角形所在图层的不透明度调整为"20%"，图层样式的效果选择"内发光"，参数设置如图 7-28 所示，效果如图 7-29 所示。

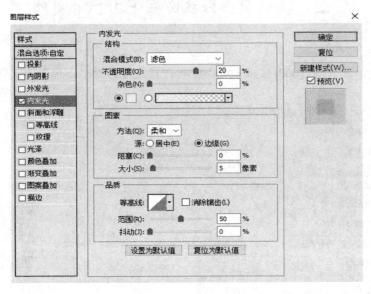

图 7-28　"内发光"参数设置

图 7-29　三角形效果

　　第五步：添加文字"科技"，字体为"方正舒体"，字体大小为"90 点"。分别设置"斜面和浮雕""内发光""投影"样式，参数设置如图 7-30 至图 7-32 所示。

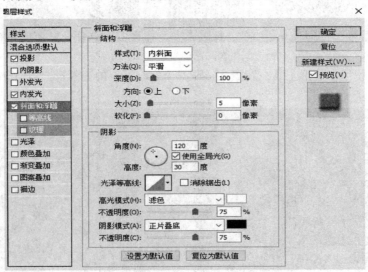

图 7-30　"斜面和浮雕"样式参数设置

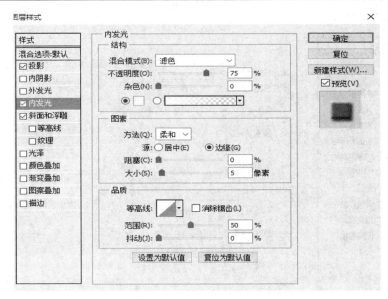

图 7-31　"内发光"样式参数设置

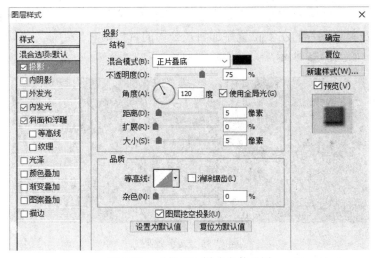

图 7-32　"投影"样式参数设置

第六步：插入文字"and"和"创新"，字体要比"科技"小一点，可以凸显主题。
图层样式效果为"投影"，参数设置如图 7-33 所示，效果如图 7-34 所示。

图 7-33　"and"和"创新"效果

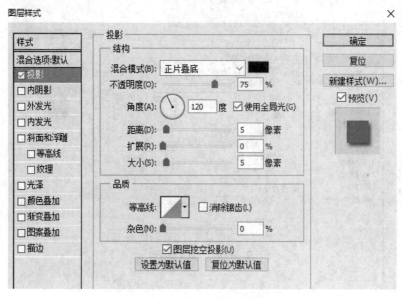

图 7-34 "投影"样式参数设置

第七步：插入双引号和文字"精益求精求完美"，字体设置为"华文宋体"。

第八步：在背景图片的左侧位置添加科技公司的宣传语句，字体为"幼圆"，字体大小为"14 点"，如图 7-35 所示。

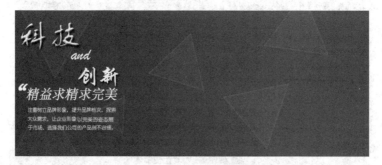

图 7-35 文字效果

第九步：找一个"电脑"的素材图片插入 Banner 图片右端，如图 7-36 所示。

图 7-36 加入"电脑"素材

第十步：绘制几张具有立体感的白纸，如图 7-37 所示，具体设置步骤如下：

(1) 新建一个 1920 像素 × 1080 像素的文件。

(2) 填充前景色为 "#b1b1b1"。

(3) 利用 "矩形工具" 画一个大小合适的矩形，填充为 "阴影色"。

(4) 复制一个矩形，填充为 "白色"。"纸张" 的图层设置如图 7-37 所示。

(5) 对第一个矩形进行 "编辑" → "变换路径" → "扭曲" 操作，制作阴影的弧线。

(6) 将第一个矩形栅格化。

(7) 对栅格化的矩形进行 "滤镜" → "高斯模糊" 操作，制作阴影效果。

最后绘制出来的白纸效果如图 7-38 所示。

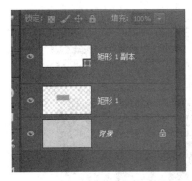
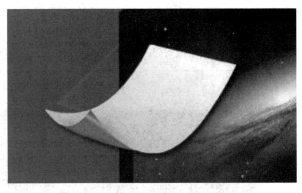

图 7-37　"纸张" 的图层设置　　　　　　　图 7-38　"纸张" 效果图

第十一步：用同样的方法制作几张大小不一、形状各异的白色纸张，将这些白纸复制、粘贴到 Banner 的电脑前，如图 7-39 所示。

图 7-39　添加 "纸张" 后的效果

第十二步：到这里科技公司的 Banner 就做好了，最终效果如图 7-40 所示。

图 7-40　最终效果

7.3 实例 3：政府部门 Banner 制作

政府部门 Banner
制作视频讲解

制作步骤：

第一步：新建一个 1000 像素 × 400 像素的文件，使用 Photoshop CS6 中的"渐变工具"(颜色值分别设置为"#fd0705"和"#ffff02")，最后将背景图片设置为如图 7-41 所示的效果。

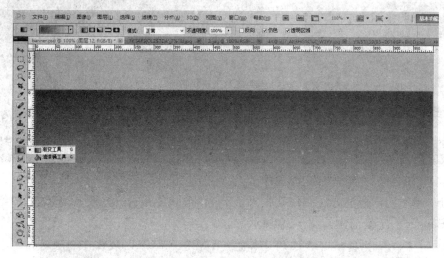

图 7-41　背景效果

第二步：新建图层，输入文字，设置文字大小为"72 点"，字体为"微软雅黑"，并添加"斜面和浮雕"图层样式，效果如图 7-42 所示。

图 7-42　文字效果一

第三步：新建图层，设置文字内容，文字大小为"36 点"，字体为"黑体""浑厚""加粗"，效果如图 7-43 所示，图层文件如图 7-44 所示。

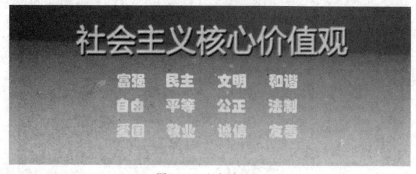

图 7-43　文字效果二

图 7-44　文字图层

第四步：将"国旗"素材进行抠图并复制到 Banner 文件中，并放在 Banner 右上角，在"图层"面板的"混合模式"中选择"变亮"，不透明度为"100%"，填充为"100%"，效果如图 7-45 所示，参数设置如图 7-46 所示。

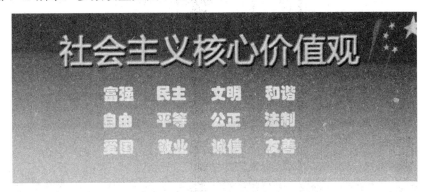

图 7-45　放置"国旗"后的效果

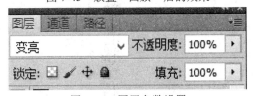

图 7-46　图层参数设置

第五步：对"天安门"素材进行抠图并复制到 Banner 文件中，放在 Banner 左下角，效果如图 7-47 所示。

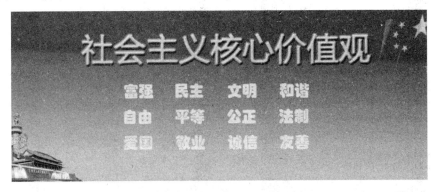

图 7-47　放置"天安门"后的效果

第六步：下载"天坛"素材，进行抠图并复制到 Banner 文件中，放在 Banner 正下方，效果如图 7-48 所示。

图 7-48　放置"天坛"后的效果

　　第七步：下载如图 7-49 所示的素材，抠图并复制到 Banner 文件中，放在 Banner 正下方，效果如图 7-50 所示。

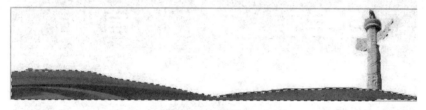

图 7-49　素材

图 7-50　放置素材后的效果

　　第八步：对"鸽子"素材进行抠图，并复制到 Banner 文件中，放在 Banner 左上方，适当调整"鸽子"图层的透明度，效果如图 7-51 所示。

图 7-51　放置"鸽子"素材后的效果

　　第九步：新建文件，绘制"星星"素材，多复制几个"星星"，并调整为不同大小，放在 Banner 左上方，最终效果如图 7-52 所示。

图 7-52　最终效果

7.4　实例 4：公益网页 Banner 设计

公益网页 Banner
设计视频讲解

　　制作步骤：

　　第一步：打开 Photoshop CS6，新建一个 1000 像素 × 400 像素的文件，背景设置为"白色"。

　　第二步：在网上收集相关图片素材，如图 7-53 所示。

_933773604942
4531655997180
8681968398606

6_8

214128h2ff6mj
meeewrbrf

7220101_72201
01_1302009981
909_mthumb

0130000021433
1129782813752
752

a0a3f49eaed97
904498f5b245b
747f6b924aff1d
358aa-hHstUH...

c41820044_130
07eb727dg213

U1043P1T1D11
879914F21DT20
061225111426

图 7-53　图片素材

　　第三步：将图片素材居中放置在文件底部的中间位置，分三行排列，然后将素材图片整体调整为黑白照片效果，如图 7-54 所示。

图 7-54　黑白照片效果

第四步：用"钢笔工具"勾出路径，如图 7-55 所示，并保存路径。

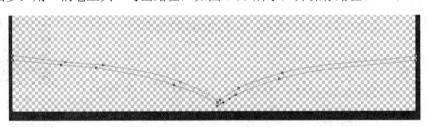

图 7-55　路径效果

第五步：将保存的路径转化为选区，然后用颜色"#e1043a"填充选区，得到图 7-56 所示的效果；之后利用同样的方法绘制路径，载入选区，填充得到图 7-57 所示的效果。

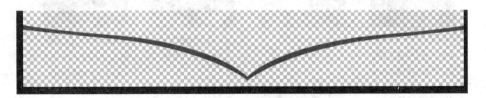

图 7-56　填充效果图一

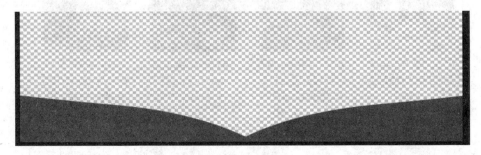

图 7-57　填充效果图二

第六步：将刚填充好的两个效果图摆放好，并合并两个图层，效果如图 7-58 所示。

图 7-58　合并后的效果

第七步：用"魔棒工具""套索工具"选择出有颜色的地方，对两个红色条中间白色区域用油漆桶进行颜色填充，效果如图 7-59 所示。

图 7-59　填充白色效果

第八步：新建一个图层，选择"渐变工具"，在其选项栏中选择"径向渐变"，单击渐变条，在"渐变编辑器"对话框中将左侧色标设置为 #fdfcfc，不透明度设置为"80%"，右侧色标设置为 #fdfefe，不透明度设置为"0%"，如图 7-60 所示。然后从文件外往里拖，把照片边缘进行虚化，最后效果如图 7-61 所示。

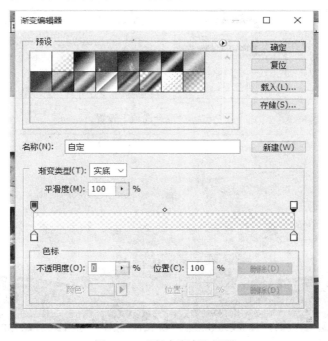

图 7-60　"径向渐变"设置

图 7-61　照片虚化后的效果

第九步：画一条半透明的长条。具体操作步骤为：新建一个图层，先用"矩形工具"画一白色长条，再对"混合选项"中的参数进行如图 7-62 所示的设置。效果如图 7-63 所示。

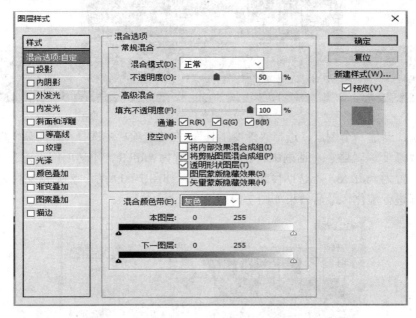

图 7-62　"混合选项"设置

图 7-63　混合后的效果

第十步：选择合适字体，输入"爱心公益、世上没有相同的两片树叶"，并设置合适的字体大小。注意："爱心"在一个图层，"公益"在另外一个图层，然后给文字设置特效，效果如图 7-64 所示，具体参数设置如图 7-65 至图 7-67 所示。

图 7-64　文字效果

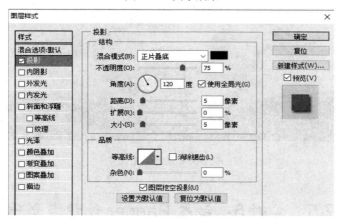

图 7-65　"投影"参数

图 7-66　"内阴影"样式参数

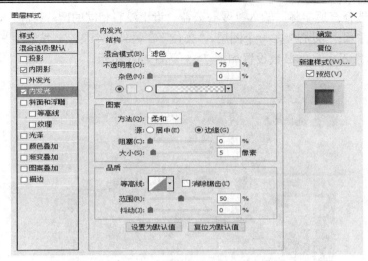

图 7-67　"内发光"样式参数

第十一步：最终效果图如图 7-68 所示。

图 7-68　最终效果图

7.5　实例 5：动态 Banner 设计与制作

制作步骤：

第一步：打开 Photoshop CS6，新建一个 1000 像素 × 400 像素的文件。

第二步：新建图层，将素材一抠图，并放置在文件左边合适的位置，如图 7-69 所示。

图 7-69　素材一放置效果

动态 Banner
设计与制作视频讲解

　　第三步：新建图层，选择"渐变工具"，填充"白色到粉色"(#f7babe)的渐变，将此图层作为整个 Banner 的背景。

　　第四步：输入文字并选择合适的字体、大小，放置在 Banner 右边的位置，如图 7-70 所示。

图 7-70　添加文字效果

第五步：将素材二放置字下方中间位置，如图 7-71 所示。

图 7-71　素材二放置效果

　　第六步：选中"文字工具"，在素材二的圆形内输入"全场包邮　买二送一"并加特效，然后将该"文字"图层和上述"素材二"图层合并以方便后面的动画制作，如图 7-72 至图 7-74 所示。

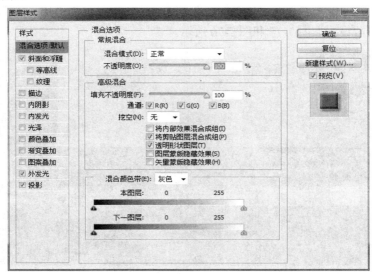

图 7-72　设置文字效果

图 7-73　Banner 效果

图 7-74　图层设置

　　第七步：在菜单中选择"动画"选项，进行动画设置。

　　第八步："the Chinese Valentine's Day"层的动画设置。注意红色箭头标示起始关键帧，将不透明度设置为"0"，将"结束关键帧"图层的不透明度设置为"100"，实现文字的渐变出现效果。参数设置如图 7-75 和图 7-76 所示。

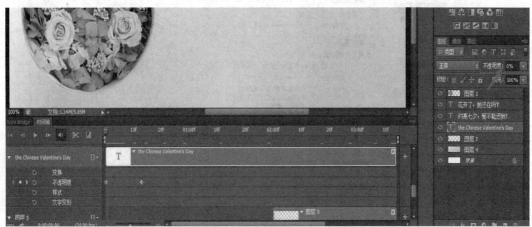

图 7-75　起始关键帧参数设置

图 7-76　结束关键帧参数设置

第九步："约惠七夕，爱不能迟到"图层的动画设置。具体操作步骤为：第一帧将不透明度设置为"0"，设置变换，将图层文字移至花盒后面；在 20f 处插入关键帧，将图层文字内容水平右移，直到部分文字露出花盒，然后设置图层不透明度为"0"；在 01：00f 处插入关键帧，将图层不透明度设置为"100"；在 02：00f 处插入关键帧，并将图层文字移动至"the Chinese Valentine's Day"文字的正下方，设置变换动画。详细设置如图 7-77 至图 7-80 所示。

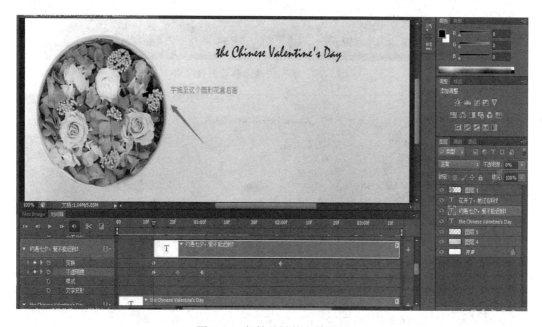

图 7-77　起始关键帧参数设置

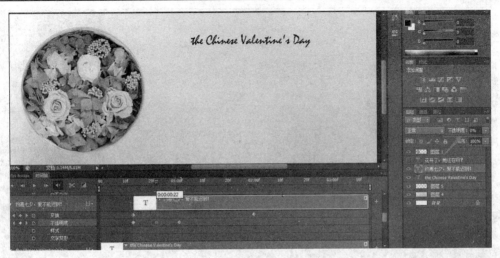

图 7-78 第二关键帧参数设置

图 7-79 第三关键帧参数设置

图 7-80 结束关键帧参数设置

　　第十步："花开了，她还在吗？"图层的动画设置。具体操作步骤为：设置变换，第一帧将图层文字放在 Banner 右边的外侧；在结束关键帧处将文字拖入到 Banner 中"约惠七夕，爱不能迟到！"的正下方，设置动画变换。详细参数设置如图 7-81、图 7-82 所示。

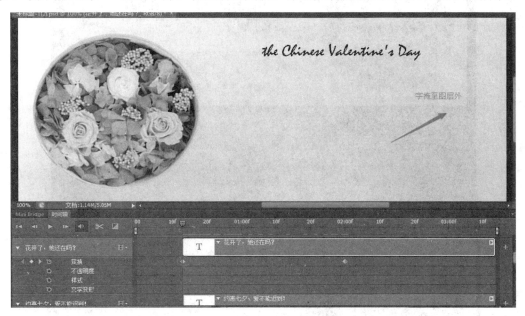

图 7-81　起始关键帧参数设置

图 7-82　结束关键帧参数设置

　　第十一步："全场包邮"图层的动画设置。具体操作步骤为：设置变换，第一帧将图层内容放置在 Banner 外侧；继续设置变换，依次设置第二帧、第三帧直到第七帧，逐帧按照等间距往 Banner 左侧移动，并保证最后一帧放置在 Banner 中文字的正下方，从而达到跳动的效果。详细参数设置如图 7-83 至图 7-86 所示。

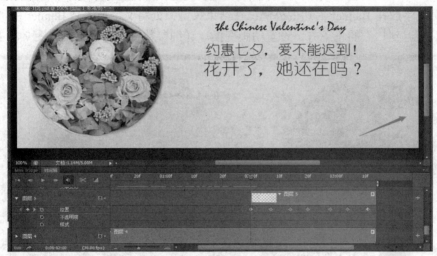

图 7-83　起始帧参数设置

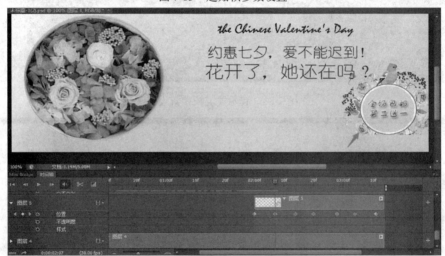

图 7-84　第二帧参数设置

图 7-85　第三帧参数设置

图 7-86　结束帧参数设置

第十二步：所有动画效果帧参数设置如图 7-87 所示。

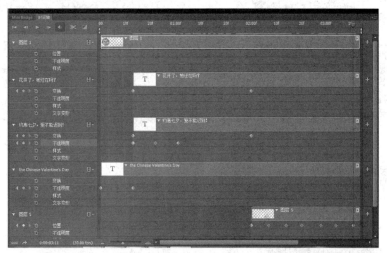

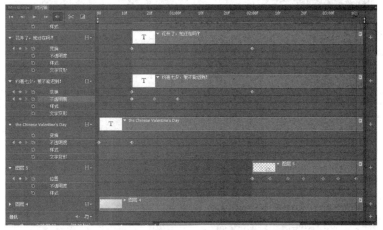

图 7-87　所有动画帧参数设置

第十三步：将制作好的动画保存，保存方法是选择菜单中的"文件"→"存储为 Web

所用格式"选项，弹出"存储为 Web 所用格式"对话框，如图 7-88 所示。单击【预览】
按钮可以查看动画在网页中的效果，如果效果理想，可以单击【存储】按钮保存动画，接
着弹出"将优化结果存储为"对话框，如图 7-89 所示，最终将动画存储为 GIF 格式文件。

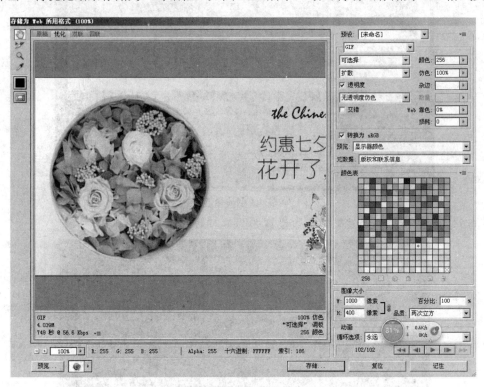

图 7-88　动画保存设置

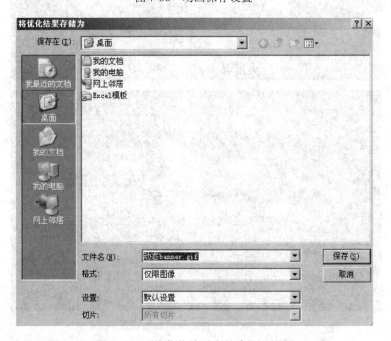

图 7-89　"将优化结果存储为"对话框

7.6　Banner 设计与制作注意事项

当访问者访问网站时，首页的信息展示很大程度上影响了访问者是否继续浏览，然而光靠文字大面积的堆积，很难直观而迅速地告诉访问者来到这里会得到什么有用的信息，而 Banner 在这里却起到了直击主题的展示作用，Banner 有效的信息传达让访问者和文字之间的互动变得生动而有趣。

虽然 Banner 只是网页页面中一个小元素，但是这个小元素往往能够起到关键性的作用，所以在网页设计中 Banner 设计至关重要。以下是在 Banner 设计中容易出现的一些问题，在设计时务必引起重视。

1. Banner 设计中的文字注意事项

网站 Banner 主要分为两个部分：文字和辅助图。虽然辅助图的面积比较大，但如果不加入文字说明的话，Banner 要表现、说明的主题就不是很明确，所以文字是整个 Banner 的主角，在制作 Banner 的时候特别要注意对文字的处理和摆放。

(1) 分清主标和副标，从主次上来说，主标为主，字体要大颜色要醒目。副标起到从内容上和形式上都辅助主标的作用。一个好的 Banner 标题文字处理都比较饱满和集中。

(2) 如果主标太长，在需求方不舍得删文字的情况下，对主标中重要关键字进行权重，突出主要的信息，弱化"的""之""和""年""第 X 届"这种信息量不大的词。

(3) 如果需求方整体文字太短，画面太空，可以加入一些辅助信息丰富画面。如加点英文、域名、频道名等。

2. 动态 Banner 和静态 Banner

Banner 分为动态和静态两种。在浏览网页的过程中，虽然闪烁的图案会产生瞬间记忆刺激，引起注意，但这种记忆往往为压迫性的，久之易产生负面效应，从而模糊记忆。而稳定的画面虽然不易引发特殊的关注，但如果有良好的界面引导和内容，将能够产生良性的记忆，并且持久而牢固。

3. Banner 的"重量"要轻

以 468×60 的 Banner 为例，"重量(大小)"最好为 15 KB 左右，不要超过 22 KB。

4. Banner 设计中的注意事项

(1) Banner 的文字不能太多，用一两句话来表达即可。

(2) 广告语要朗朗上口，可以第一时间让人捕获表达内容的重点。

(3) 图形无需太繁杂，文字尽量使用黑体等粗壮的字体，否则在视觉上很容易被网页中的其他内容淹没。

(4) 图形尽量选择颜色数少，并且能够说明问题的事物。

(5) 如果选择颜色很复杂的物体，要考虑一下在低颜色数情况下，是否会有明显的色斑。

(6) 尽量不要使用彩虹色、晕边等复杂的特技图形效果，这样做会大大增加图形所占据的颜色数，增大体积。

(7) 产品数量不宜过多。Banner 的显示尺寸非常有限，摆放太多产品，主题反而会被淹没，视觉效果将大打折扣。所以，产品图片不是越多越好，易于识别是关键。

7.7　课后实践练习

【实践目标】

熟悉 Photoshop CS6 制作 Banner 的基本操作，掌握"图层样式""路径工具""滤镜"等的使用技巧，练习艺术字的制作与使用。

【实践流程】

(1) 新建文件。

(2) 选择需要的素材，导入之后变形并添加艺术边框效果。

(3) 结合主题，制作 Banner 中的艺术字。

(4) 制作 Banner 中的点缀图。

(5) 完成 Banner 制作。

【实践题目】

根据给定的素材图，见 ch07 文件夹，选择合适的素材，设计并制作装饰公司的 Banner，可以参考图 7-90 所示的制作效果。

图 7-90　装饰公司 Banner 制作效果

习题答案

第 8 章　网页布局设计

【学习目标】

- 学习和掌握网页布局的基本概念和原则。
- 了解常见的布局设计模式和流行的设计趋势。
- 掌握网页布局设计的方法。
- 了解和掌握利用栅格系统进行辅助设计的方法。

8.1　网页布局的概念

在网站规划建设中，网页布局设计是非常重要的一个环节，它关系到网站能否吸引更多人的眼球以及网站的点击率，而点击率正是网站的生命所在。在设计一个好的网页时，正确把握网页排版布局的原则非常关键。

如何将所有要呈现的内容完美的分布布局，以达到一种视觉效果，就叫做网页布局设计，网页布局设计也可以理解为网页版面设计。

8.1.1　网页布局的要素

1. 页面尺寸

网页设计中，页面的高度是不需要太多考虑的，一般认为不超过三屏高度为宜，超过三屏高度可以通过分页的方式解决。超出浏览器高度的内容可以通过上下滚动来观看，通过鼠标上的滚轮，可以很容易实现网页的上下滚动。页面宽度的设置是网页布局设计中重点要考虑的。网页的宽度主要分两种，一种是定宽，即内容区域宽度固定；另一种是自适应，即内容区域宽度跟随浏览器变化。

1) 定宽模式

当前网页布局设计中，主流的宽度有 960 px / 1000 px / 1440 px 等。那么为什么会出现这几个宽度，而不是显示器分辨率常见宽度，如 1024 px、1366 px、1600 px 呢？首先是由于所有的浏览器右侧有一个垂直滚动条，其宽度为 17 px。其次是由于"留白"的需要，网页主要内容的区域小于显示器横向显示范围时，才能使左右产生留白，因此最简单的定宽设置是：宽度 = 屏幕最小宽度 − 左右留白。

在定义网页宽度时，首先要考虑的是网页访问者使用的显示器分辨率。电脑的显示器分辨率基本都是从 1024 px 起始的，即使今天这个分辨率的显示设备已经很稀有了(ipad 仍在使用这个规格），越来越的人在使用 1440 px 或 1920 px 分辨率的大尺寸显示器。但事实上，目前大多数门户网站为了满足所有人的浏览体验，其页面宽度还是以 1000 px 左右为主。如果要设计一个面向年轻群体的潮牌网站，设计师可能会为了更好地展示效果而放弃低分辨率的用户，最低按 1366 px 开始支持。而在为某些企业设计 Web 管理系统时，如果其应用的设备统一是 1440 px 以上的，那就应按 1440 px 这个宽度作为设计的标准开始设计。

确定了分辨率的支持起点，就可以很容易确定网页内容的宽度。常见的屏幕显示分辨率大概有五种：1024 px、1366 px、1440 px、1680 px 和 1920 px。960 px 基本上是目前比较主流的页面宽度——它可以在 1024 × 768 分辨率下，在最大化浏览器窗口时使网页不出现横向滚动条。它的宽度能容纳足够的内容，满足等宽的三栏布局，单行文字不太长，不易产生阅读疲劳。而且在显示分辨率从 1024 × 768 过渡到更高分辨率的时候，虽然不能获得最佳视觉效果，但是 960 px 宽度的页面刚好可以获得在平板电脑上的视觉兼容。当然 960 px 对于三栏以上的布局支持并不好，因此许多重内容网站开始使用大于 1000 px 的宽度。比如京东 1210 px），花瓣（1407 px）等。除非是活动类型的网站或以视觉为主的网站，一般不建议做太过于宽版的网页设计，让绝大多数的访问者轻松浏览页面是设计师要着重考虑的，毕竟让人老是拉横向滚动条是一种非常令人厌恶的用户体验。

2）自适应模式

自适应布局设计也称为响应式布局设计，是指在多种平台（电脑、Pad、手机）下都可以完美显示和运行的一种网页布局设计方法。使用响应式设计的网页，在不同的宽度下会自动展现出不同的排版和样式。越来越多的网站开始使用响应式设计，以达到一次开发，在多种平台上完美显示的目的。Bootstrap 是当下非常流行的响应式前端框架，能够帮助设计师快速构建响应式页面，但这些内容不在本书的讨论范围内。

2. 图像的运用

图像与文本的接合应该层叠有序，有机统一。虽然，显示器和浏览器都是矩形，但对于页面元素的造型设计，可以有其他的组合：矩形，圆形，三角形和菱形等。

1）图像的面积

图像的大小不仅决定着主从关系，也控制着页面的均衡与运动。

(1) 大小对比强烈，给人跳跃感，使重点更突出。

(2) 大小对比减弱，则页面稳定、安静。

访问者在浏览页面时，首先会注意到大图像，然后再看到较小的图像，这种由大到小的引导，造成一种动势，使页面看起来更加活泼。

2）图像的数量

图像的数量是根据内容决定的。只用很少的图像，会使内容突出、页面安定。增加一些图像，页面会因为有了对比和呼应而活跃起来。但是，使用图像时要谨慎，过大的图像会显著降低页面显示速度，即使是小图像，如果运用数量过多，同样会使页面下载速度变慢。当然随着网络环境及技术条件的改善，这种情况已经有了很大的改观。

3）图像与背景的关系

网页图像与背景是对比和统一的关系。也就是说，图像与背景在和谐统一的基础上，应存在一定的对比,以使主要图像更加突出。如精致的玉镯以粗糙的岩石为背景,明亮的文字以深邃的星空为背景,或者使用没有背景的退底图像,周围留出大面积空白,这都是利用对比对主体形象起到突出作用。

4) 图像在长页面中的应用

网页一般都是纵向的(不排除有特意设计成横向滚屏的),其长度从一屏到三屏不等,有的甚至更多。访问者在电脑上浏览页面时,可以通过页面的滚动来浏览更多的内容。页面的整体感是建立在形象的启承关系上,尽管页面被分割成几屏来显示,但图像或文字的延续性应使访问者得到完整、统一的视觉感受,设计者所要做的就是进行通盘考虑。

3. 文字的运用

显示在页面上的纯文字,默认字体是宋体或雅黑。有些网站特别强调设计感而需要使用一些特殊字体,比如文鼎字体、方正字体等,这时需要在样式表里面进行声明。注意:如果访问者的电脑中没有安装该字体,显示出来还是默认字体。

特殊的字体建议用图片的形式来表现。即把特殊字体做成图片,插入到网页里面来。这里所说的特殊字体是指设计师自己电脑里面要安装的一些特殊字体,如微软系列、汉仪系列、方正系列等。

文字的颜色通常用灰度比较多,例如 #000、#333、#666,显得比较干净些。

页面上出现比较多的文字字号大小是 12 px、14 px、16 px。借助字号大小,可以体现出层次感。

8.1.2　网页布局设计的原则

网页布局设计通常遵循以下几个原则。

1. 重点突出、主次分明

在进行网页的版面布局设计时,页面的视觉中心应布置在屏幕的中间或中央偏上的位置。一些重要的文章和图片可以安排在这个位置,那些次要的内容可以安排在视觉中心以外的位置,这样在页面上就突出了重点,做到了主次分明。

2. 平衡性

页面布局设计时,应充分考虑受众视觉心理的接受度,和谐地运用页面色块、颜色、文字、图片等信息形式,力求达到一种稳定、诚实、可信赖的页面效果。

一个对称平衡的网站会带给人美观和优雅的观感。对称性设计被认为是最赏心悦目的设计,也是大多数人的典型思维模式。图 8-1 所示的即是遵循这一原则的网站设计实例。

不对称平衡带来一种自由随意的感觉。不对称平衡常常运用在一些大的高清图片作为页面背景,产生主体远离了中心轴线的效果,目的是为了把更醒目的标题留在中间。图 8-2 所示的即是遵循不对称平衡原则的页面设计实例。

平衡是网页设计中最重要也是最容易忽略的部分。视觉上的平衡可以通过对界面元素的布局来调和,比如选择最合适的元素的大小和位置。有的时候,也需要大胆创新,不拘泥于传统。

图 8-1　对称平衡的网站设计实例

图 8-2　不对称平衡的网站设计实例

3. 对比

对比从字面上简单易懂，例如大字体和小字体的对比，圆形与方形对比，冷色和暖色的对比等。如果两个元素想要形成对比，就应使之不同，最好是截然不同。对比不仅可以增强页面效果，更有助于文字的组织。可以通过大小、颜色、粗细、空间等方式来增加对比，需要注意的是，对比一定要强烈，以此来形成鲜明的视觉效果。

4. 疏密度

网页要做到疏密有度，要适当进行留白，运用空格，改变行间距、字间距等制造一些变化的效果。通过样式表设置填充(内部的)和间距(外部的)都可以做出空隙。合理的空隙会让层次更清楚，同时还可以避免出现由于不同的浏览器对间距理解的不同所带来的问题。

网页中版式的节奏感及韵律，来源于排版中的疏密的间隔安排。在网页中可以通过一系列的重复和固定的间隔来建立一种视觉和谐的美感，如在一些字体大小，行距、模块与模块的间距等的设置。

5. 对齐

对齐原则是说任何元素都不能随意摆放，它们应该与页面上的某个物体有空间上的联系，虽然眼睛看不到，但是好像有一条线将它们连接起来，在设计中常常会借助设计工具中的参考线来对齐页面中的各种元素。

6. 图文并茂

网页版面的布局过程中，文字与图片的搭配在视觉上有互补的感觉。如果页面中的图片太多的话，文字就会比较少，影响页面内容。而如果文字太多，图片太少，整个页面就会显得沉闷，没有活力。因此，文字与图片的搭配要合理，两者之间要互相衬托，页面才会有活力，而且内容也会比较丰富。

7. 网页版面设计风格的统一性

网站总体设计风格一致的优点是：统一且独特的风格会给人留下很深刻的印象，更容易在大脑中形成记忆符号。这里所说的一致性，包括以下几点：

(1) 色彩的一致。如果企业有自身的 CI 形象，最好在网页设计中沿袭这个形象，给人线上线下一致的感觉，更有利于企业形象的树立。

(2) 网页结构的一致。网页结构是网站的骨架，结构关系到网站的浏览习惯和设计风格，所以，网站的栏目页和内容页必须和首页的设计风格要一致。网站结构中最重要的就是网页布局，栏目页和内容页的布局设计应保持基本一致。

(3) 网站导航条要统一协调。导航是连接各个页面的最主要部分，一个导航统一的网站，是风格一致的基础部分，好的导航条可以带给人良好的体验。

(4) 网站的图像要统一。网站的图片并非越多越好，那些无关的图片尽量不要在网页上占用空间，这样不但浪费设计时间，也降低了网页加载速度，对于不同位置的相同图片，尽量用同一个 URL 路径，而不是使用不同的路径。

(5) 网站标志性元素的一致。网站或公司名称、网站或企业标志、导航及辅助导航的形式及位置、公司联系信息等内容保持一致，这种方式是目前网站普遍采用的结构，一方面减少设计、开发的工作量；另一方面更有利于以后的网站维护与更新；此外，这也是搜索引擎优化的要求。

(6) 网站的特别元素要一致。在网站设计中，个别具有特色的元素，如自创标志、象征图形、局部设计等重复出现，也会给浏览者留下深刻印象。比如网站结构在某一点上的变化，由直线变为圆弧、暗色点缀的亮色、色彩中的补色等。

(7) 其他统一问题。设计网站时，内页有必要和首页的风格一致，这样才显出网站是一个整体。这些都是内页风格保持一致要注意的。

另外，一个风格统一的网站还应在交互方式和操作上保持一致，以减少访问者的使用成本，也能让其感到亲切。

8.2　网页布局形式

8.2.1　传统的网页版式布局设计

传统的网页设计版式布局结构大致可分为"同"字型("国"字型)、拐角型、"三字"型、对称型、POP 型等。

1．"同"字型结构布局

"同"字型，有时也称为"国"字型，具有典型的版面平衡、视觉感沉稳大气。一般由政府机关、大型公司或大型网站所采用。这种布局页面顶部为"网站标志＋广告条＋主菜单"或主菜单，下方左侧为二级栏目条，右侧为链接栏目条，屏幕中间显示具体内容的布局。这种布局的优点是充分利用版面，页面结构清晰，主次分明，信息量大；缺点是页面拥挤，过于规矩呆板，如果细节色彩上缺少变化调剂，很容易让人感到单调，如图 8-3 所示。

图 8-3　"同"字型结构布局实例

2．拐角型布局

这是一个形象的说法，风格与对称型风格十分接近，不同之处在于，其中部版面显示主要内容的区域分栏不对称，沉稳大气的同时略显示个性，如图 8-4 所示。社会服务机构、大专院校、教育机构常采用这种布局。页面的顶部是网站标志和主菜单，左面是次级菜单，右面是主要内容。这种布局的优点是页面结构清晰、主次分明，是初学者最容易上手的布局方法。缺点是页面呆板，如果不注意细节上的色彩，很容易让人"看之无味"。

图 8-4　拐角型布局实例

3. "三"字型布局

这种布局多用于国外站点，国内用得不多。特点是在页面上有横向两条色块，将页面整体分割为三个部分，色块中大多放广告条、更新和版权提示，如图 8-5 所示。

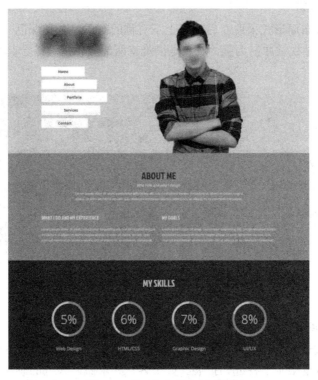

图 8-5　"三"字型布局实例

4．POP 布局

POP 引自广告术语，是指页面布局像一张宣传海报，以一张精美的图片作为页面的设计中心。这种类型基本上是出现在一些网站的首页，大部分布局形式为一些精美的平面设计结合一些小的动画，再放上几个简单的链接或者仅是一个"进入"的链接，甚至直接在首页的图片上做链接而没有任何提示。这种布局大部分出现在企业网站和个人主页，如果处理得好，会给人带来赏心悦目的感觉，如图 8-6 所示。

图 8-6　POP 布局实例

随着 HTML5 + CSS3 的广泛应用，如今动态化的页面布局和配色受到广泛的欢迎，新技术的应用使得页面布局和配色呈现出不同的效果，每年都会有一些新的网页布局创意产生，从而使一些较老的布局方案面临淘汰，当前很多企业网站首页在设计中常用到以下这些版式布局形式。

5．对称对比布局

顾名思义，该布局形式采取左右或者上下对称的布局，一半深色一半浅色，一般用于设计型站点。优点是视觉冲击力强，缺点是很难将两部分有机地结合起来，如图 8-7 所示。

图 8-7　对称对比布局实例

6．大框套小框的布局

这种布局方式也是一种常见的布局，如图 8-8 所示。按照这种布局也可以做出来漂亮的设计，但毕竟方框限制了视线的扩展。如果客户要求做出大气的感觉，一般不会按照这种方式来布局，通常来讲，大气意味着开阔视野。大框套小框布局实例如图 8-9 所示。

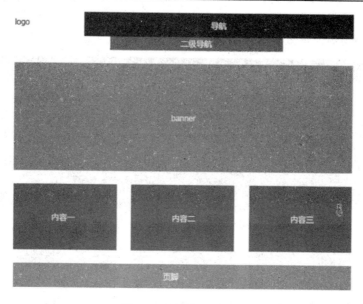

图 8-8　大框套小框布局

图 8-9　大框套小框布局实例

7. 通栏布局

这种布局方式让视线不再受到方框的限制，比起上面的布局方式，自然多了些大气、开阔的味道来，如图 8-10 所示。另外，主视觉部分还可以灵活处理，既可以向上拓展到

LOGO 和导航的顶部位置，也可以向下拓展到内容区域，这种布局方式也是非常常见的布局方式。通栏布局实例如图 8-11 所示。

图 8-10　通栏布局

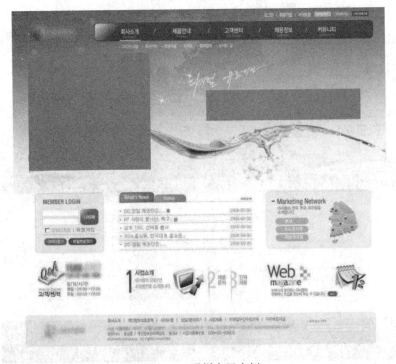

图 8-11　通栏布局实例

8. 导航在主视觉下方的布局

这种布局虽然不多，但也时不时能看到，如图 8-12 所示。导航放在 Banner 下面的好处是可以弥补 Banner 中设计素材截断的缺点，让设计看上去完整、自然。所以说布局的方式受到多方面因素的影响，不仅应考虑到信息内容所占据的空间，还包括设计者手头现有的素材。导航在主视觉下方的布局实例如图 8-13 所示。

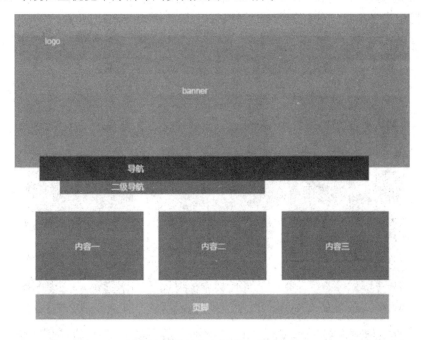

图 8-12　导航在主视觉下方的布局

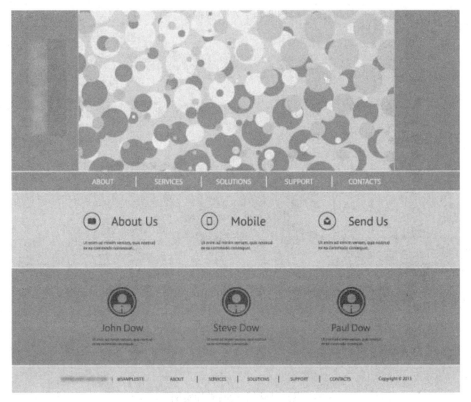

图 8-13　导航在主视觉下方的布局实例

9. 左中右布局

这种布局方式不常见到,但却是非常富有新鲜感的布局方式,如图 8-14 所示。尝试一下这种布局也未尝不是一种好的选择。左中右布局实例如图 8-15 所示。

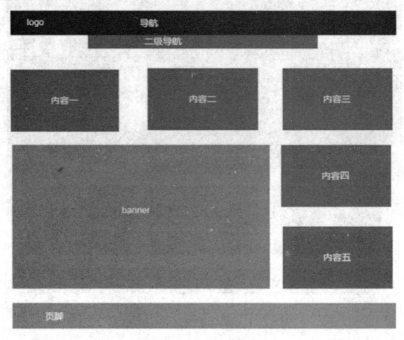

图 8-14　左中右布局

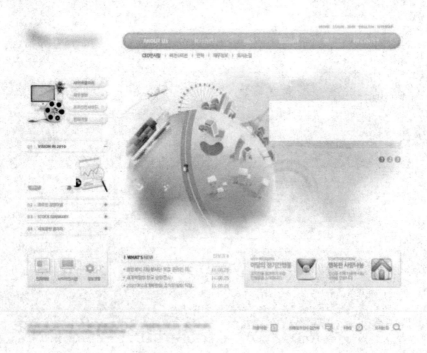

图 8-15　左中右布局实例

10. 环绕式布局

这种布局方式看上去更加灵活，如图 8-16 所示，Banner 区域相对较小，就可以在页面放置更多的信息内容。环绕式布局实例如图 8-17 所示。

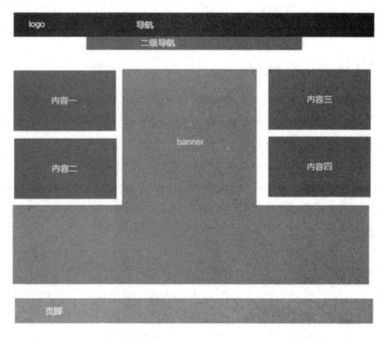

图 8-16 环绕式布局

图 8-17 环绕式布局实例

上面的这几种布局方式只是一些常见的传统网站页面布局，布局的方式还有更多，新锐的布局方式不断涌现，但传统的布局仍然有其生存的空间。实际上，布局就像是摆积木，只要遵循页面布局的基本原则即可，并没有规定一定要怎么布局，或者这种布局方式要比那种更好，只能说某种布局方式更为合适某个页面而已。可以尝试一下不同的布局方式，给设计增加一些创意和新鲜感。

8.2.2　网页设计布局的流行趋势

近年来，互联网的世界发生了翻天覆地的变化。十年前，大批网站都有一套通行的排版模式。页头、页脚、侧边栏和内容区域，构成了一种直截了当的布局。同时期 Macromedia Flash 开始兴起，排版方式进入了一个新的时代，布局不必再拘泥于固定格式。当然，随着 Flash 的衰退，这种排版方式也在逐渐淡出。

当今的网页设计，网页的基本结构千变万化，根本没有固定形态。它可以伸缩变化成任何所需的形态。响应式网页设计技术的出现，给网页布局设计带来了巨大的变革。

网页版面设计的趋势是不再严格遵循某种准则或既定体系，这种趋势的例子可以归入以下这几类中：

1. 打破框架的版面设计

过去几年，Flexbox 以及 CSS Grid 等技术的出现，让版面设计变得更灵活弹性，为设计师、工程师带来更宽广的挥洒空间，可以看到越来越多的网站打破惯有的"对称"、"秩序"守则，形形色色，层层叠叠的网页布局衬托出网页更加精彩，如图 8-18 所示。不过不变的大原则是：设计的重点是要烘托"内容"，内容才是骨肉、才是人们光临网站的主因，因此设计的尺度上也需斟酌，天马行空之余，别反客为主，夺走内容的风采。

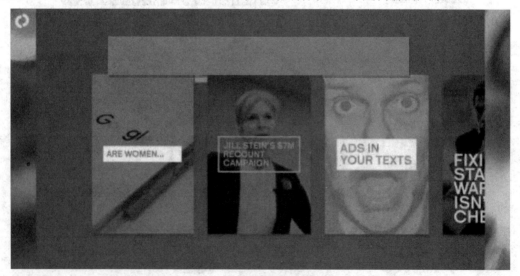

图 8-18　打破框架的版面设计

2. 去界面化

网页设计中的主要元素之一，就是容器元素：方块、边框、形状和所有类型的容器，用于将内容从页面中分离开。如今的另一个普遍趋势就是去除所有这些额外的界面元素，这是种极简主义的设计方式，如图 8-19 所示。

图 8-19 去界面化的设计举例

在以上这个例子中，页头和页尾的概念统统去掉了，页面元素从左向右的排列，就基本完成了内容层次的排布，有助于让排版更加直观。用于分隔导航和内容的界面就不需要了，取而代之的是漂亮的产品惊艳出场。

可以发现，移除任何感官上的页头和页尾后，内容得到了极大的强调。访问者首先看到公司名称，然后是关于经营内容(和场所)的清晰描述，而不是先看到页头，之后才是主导航。这个方式造就了优美的视觉流程，只有当页面滚动时，页头和界面才出现。

3. 基于模块或网格

接下来这些排版方式，建立在模块化或类似网格的结构上。在这些设计中，每个模块都力图根据屏幕尺寸伸缩调整。这是一种自适应布局模式，可以像搭积木一样，由各种模块组件创建而成，如图 8-20 所示。

图 8-20 基于模块或网格的设计举例

上面这个案例完美地诠释了这一点。整个设计都是响应式的。随着屏幕尺寸变化，每个模块都可以改变尺寸来适应空间。均匀划分屏幕使得设计更易于适应。此外，设计者在大屏幕尺寸中引入一些元素来打破模块界限的束缚，这是画龙点睛之笔。

4. 一屏以内

还有一些网站采用让页面完全在一屏内展现的方式。这是响应式设计的一个分支，因为页面会适应屏幕尺寸。在图 8-21 所示的案例中，整个设计的适应方式是完完全全吻合屏幕，没有产生滚动条。没有滚动，意味着内容必须极度聚焦，而且要建立清晰的内容层次。这种网站的聚焦能力和清晰程度，令人耳目一新。

图 8-21　一屏以内的设计举例

前面讲述了的几种趋势，其实它们都表现为积木块的形式。这些积木可以通过很多不同方式进行组合。现代网页的布局如此多样化，而且确实合乎使用，造就了缤纷的互联网媒体。

8.3　网页版面设计常用方法

网页版面设计的常用方法可以借鉴软件工程中的开发模型，具体分为以下几种设计方法：

1. 瀑布设计法

瀑布设计法将网页版面设计的过程划分为需求分析、静态页面设计、动态页面设计、网站功能测试、网站上线运行与维护这五个基本工序，同时严格规定了开发顺序，形如瀑布流水，故称之为瀑布设计法。

在瀑布设计法的实现过程中，五个基本活动都严格按顺序进行。只有上一项工序结束并通过验证，才能进入下一项工序。

瀑布设计法为网页的版面设计提供了按阶段划分的检查点，当前一阶段完成后，开发人员只需要去关注后续阶段的工作，所以采用瀑布设计法可以严格地保证网页版面设计能够最终按时交付使用。

但是由于瀑布设计法中的线性关系，使得各个阶段的划分太过固定，不能根据企业要求灵活修改，同时用户只有等到整个设计过程结束才能见到设计成果，从而会增加设计过程中的风险，也就是如果前一阶段发生错误，可能要等到最后的测试过程才会被发现，这个错误可能会被放大，并最终导致严重的后果。

2. 原型设计法

原型是指在网页版面设计之初，就首先构建一个简单的版面原型，用以实现企业最原始、最简单的需求。然后在企业的简单使用过程中，不断发现问题，从而达到进一步细化系统需求的目的。

网页版面设计者在已有原型的基础上，通过逐步调整来满足企业的需求，最终开发出企业满意的网页版面。如此看来，原型设计法其实也是增量设计法的一种形式。

原型设计法可以克服瀑布设计法的缺点，减少由于企业需求不明造成的设计风险。它的关键之处在于尽可能快速地建造出网页版面原型，一旦确定了客户的真正需求，最初的版面原型可能被全盘修改。因此，使用原型设计法进行网页版面设计，最重要的是必须迅速建立原型，随后迅速修改原型，以最终实现企业的真实需求。

3. 螺旋设计法

螺旋设计法是一种采用周期性的方法来进行网页版面设计的方法，它结合了瀑布设计法与原型设计法的特点，强调了其他模型所忽视的风险分析，常用于大型复杂网站的设计开发。

螺旋设计法的优点主要表现在其设计的灵活性。它可以在设计过程的各个阶段进行灵活变更，以小的分段来构建大型系统，从而使成本计算简单明了，并且风险分析可以使一些极端困难的问题和可能导致费用过高的问题被更改或取消。这样使得企业需求的变更显得柔性，企业用户能够全面掌握项目的进展，从而提高需求的准确性与设计的高效性。

但是螺旋设计法的缺点是它过于强调风险分析，要求企业接受和信任这种分析，但企业能够迅速做出相应的调整是不容易的，这就要求网页版面设计者具有相当丰富的经验和专业知识，同时要求企业参与所有阶段的评价，也给企业用户带来了相当大的工作量，并且过多的迭代次数也会增加设计成本，推迟最终交付时间。

4. 增量开发法

增量开发法是在网页版面设计过程中，以一系列的增量方式开发系统。在增量开发法中，网页被分割成不同的功能模块来设计，每个功能模块实现特定功能。这样在设计过程中，每次交付的部分只是整个网站功能的子模块，直到设计的末期才将这些子模块集成为一个可运行的完整产品。

增量开发法的优点是可以较好地适应企业需求的变化，企业可以分批不间断地看到运行良好的子网页，最终降低了设计风险。

这种开发方法的缺陷是：由于子模块是增量开发的，所以每次添加子模块的时候，都有可能破坏原来已设计好的部分；同时由于企业需求的变化不可预估，增量开发法的灵活性可以大大增加设计中适应变化的能力，但也容易失去对设计过程的整体性控制。

在增量开发法的实现过程中，第一个增量往往是实现基本需求的核心网页，在这个核心网页交付使用并经过评价后，再形成下一个增量的开发计划，它包括对核心网页的修改和一些新功能的发布。这个过程在每个增量发布后不断重复,直到产生最终的完善产品。

8.4　Photoshop 在网页布局中的作用

网页布局设计的软件很多,如 Dreamweaver、Visual Studio Code 等都可胜任,但是初学者往往是一上手就使用 Dreamweaver 进行布局设计,结果使网站建设延期,下载速度降低,更糟的是合同违约,失掉客户,造成不可估量的损失。究其原因,关键是忽视了 Photoshop 在网页规划布局中的作用。很多初学者知道 Photoshop 是图像处理软件,只是把它用来解决一般图像裁切、调整、优化,常常忽视 Photoshop 在网页布局设计中的重要作用。

8.4.1　用 Photoshop 设计网页布局的优点

1. 布局灵活

Photoshop 的灵魂是图层,每层可以放置不同的元素,图层之间可以相互链接,也可单独存放,每个图层上的图像位置可以随意挪动而不影响其他图层的图像位置,每个图层上的图像大小、色阶、亮度、饱和度透明度等可单独设置而不影响其他图层上的图像。如此灵活的功能,完全可以让设计者随心所欲设计而不受任何约束,而 Dreamweaver 等软件给设计者提供出自由度降低很多,其效果也会大打折扣。

2. 修改方便

在网站建设前期首先要与客户签订合同,签订合同时客户最关心的是自己的网站是什么样子,这时设计者不可能直接拿出建好的网站给客户演示,这样一是成本太高,合同能否签订还不一定;二是保护知识产权,有的客户拿走设计方案交给别的公司去做,岂不给别人做了嫁衣裳。最好的办法是拿出在 Photoshop 中做出的效果图给客户看。一般情况下,客户一次满意率非常低,总会提出修改意见,而且还会不断地提出修改方案。这时设计师就可以利用 Photoshop 的强大功能按客户的要求方便地进行修改和优化,直到客户满意为止。如果在 Dreamweaver 下,每做一次大的修改,几乎跟重新设计一样费时费力,而且还不一定能达到客户要求。

3. 加快浏览进度

一个设计不美观不规范的网站是没有生命力的,同样一个打开、下载速度慢的网站也没有存在的价值。心理学研究表明,选择性越多,人的忍耐性越差;可选择性越大,人的忍耐性越低。在互联网高度发展的今天,网站多如牛毛,人们没有耐心在一个网站前停驻慢悠悠地下载、打开、测试、显示。一般情况下,下载等待时间一旦超过 10 秒,人们会自动转向其他网站。决定下载速度的因素很多,如服务器配置标准、网络传输介质、客户机的配置以及同时点击人数的多少等。但是在这些条件相同时,网页大小及网页元素的优化和配置就是唯一的因素。使用 Photoshop 设计的网页经过裁切后体积相对要小得多,相同的元素因为其格式变化也会大大提高下载速度,因此 Photoshop 就成了提高速度,提高点击率的制胜法宝。

8.4.2　用 Photoshop 设计网页布局应注意的几个问题

1. 字体，标题

导航字体一般用黑体，正文一般用宋体，其他字体浏览器不兼容，可能造成调试时出错，给工作带来麻烦。如果为增强页面效果用到其他字体，则最好在用 Dreamweaver 前用 Photoshop 切分图片，字体的颜色设置要考虑到整个页面效果。

2. 布局格式

虽然效果图是用 Photoshop 设计的，但一定要兼顾到 Dreamweaver 对页面布局的要求，Dreamweaver 下网页布局是使用"国"字形，还是其他模式，是否使用框架，使用框架的类型是哪一种，都是在设计前要考虑到的。否则会造成效果图与最后的网站布局出现出入，给客户和自身带来麻烦和损失。

3. 科学使用参考线

参考线是设计页面布局的有效辅助工具，可以先用横参考线将网页布局分成几大版块，然后用竖参考线将每个版块分为几个小版块，最后再整体观察一下。要精确定位网页元素，可用对齐参考线的方法来实现："视图"→"对齐到"→"参考线"，而参考线的精确定位可以借助标尺和网格来实现，这里要注意的是网站的 LOGO 和 Banner 或者导航条等都是事先设计好的，有固定大小，在做这些区域时尺寸一定要按照这些元素尺寸设计，不能有丝毫差错，否则进入 Dreamweaver 整合时，可能出现空边或撑开表格的现象。

8.5　网页栅格系统

8.5.1　网页栅格系统的定义

栅格系统
视频讲解

栅格系统(英文为 grid systems)的定义为：栅格设计系统是一种平面设计的方法与风格，即运用固定的格子设计版面布局，以规则的网格阵列来指导和规范网页中的版面结构以及信息蔓延。在设计商业网站时，为了让网页的信息呈现更加美观易读，一般建议选择合适的栅格系统和页面宽度。

网页栅格系统是从平面栅格系统中成长而来。对网页设计来说，栅格系统的使用，不但可以让网页的信息越发美观易读，更具可用性。并且，对前端开发来说，网页将越发的灵活与规范。有很多刚入门的设计师并不了解栅格系统，实际上它是超级实用的布局设计工具。

8.5.2　栅格系统的设计原理及应用

那么如何设计一个栅格系统？接下来通过实例具体介绍网页栅格系统的原理与应用。

在网页设计中，如图 8-22 所示，把宽度为"W"的页面分割成 n 个网格单元"a"，每个单元与单元之间的间隙设为"i"，把"$a+i$"定义为"A"。它们之间的关系如下：

$$W = (a \times n) + (n-1) \times i$$

由于 $a+i=A$，可得：

$$(A \times n) - i = W$$

其中：A 为一个栅格单元的宽度 $A=a+i$；a 为一个栅格的宽度；i 为栅格与栅格之间的间隙；n 为正整数；W 为页面/区块的宽度。

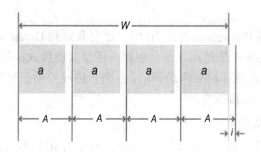

图 8-22　栅格系统原理示意图

如图 8-23 所示，以 Yahoo 网站首页布局设计为例，来看一下栅格系统的应用。

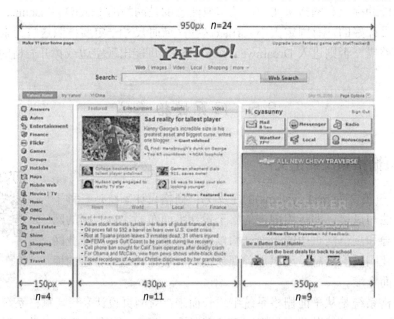

图 8-23　Yahoo 网站首页布局

Yahoo 网站首页页面宽度为 $W=950\,\text{px}$，每个区块与区块的间隔为 $i=10\,\text{px}$，$A=40\,\text{px}$（通常取 5 的倍数，因为这样在设计的时候很方便计算），其首页横向版式设计采用的栅格系统为

$$(40 \times n) - 10 = W$$

下面我们利用表 9-1 列出当 n 等于不同数值时 W 变化的数值表格，表中的 H 是指一个栅格的高度，本例中栅格高度也等于 40 px（需要指出的是，栅格单元的宽度和高度并不

要求相等)。

表 8-1　栅格系统中 n 与 W/H 的对应表

n	0	1	2	3	4	5	6	7	8	9
W/H	-10	30	70	110	150	190	230	270	310	350
n	10	11	12	13	14	15	16	17	18	19
W/H	390	430	470	510	550	590	630	670	710	750
n	20	21	22	23	24					
W/H	790	830	870	910	950					

从表 8-1 中可以看出：Yahoo 首页的布局完全是按照栅格系统进行设计的，每个区块的宽度对应的 n 值分别为 4，11，9。在这里我们可以看出：只要保证一个横向维度的各个区块的 n 值相加等于 24，则即可保证页面的宽度一定是 950 px。然而，950 px 的宽度也恰好就是当 $n = 24$ 的时候，W 的宽度值。图 8-24 中展示了使用栅格系统控制网页横向宽度和纵向高度的效果。

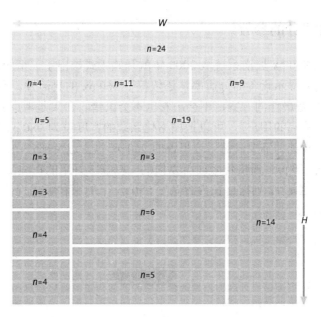

图 8-24　栅格系统应用示例

在栅格系统中，设计师可以根据需要设计不同的版式或者划分区块，页面及区块的宽度或高度值将依据表 8-1 所示。我们看到使用栅格系统设计的网页非常具有条理性，看上去也很舒服。最重要的是，它给整个网站的页面结构定义了一个标准。对于设计师来说，他们不用再为设计一个网站的每个页面、每个区块的宽度或高度而烦恼了。对于前端开发工程师来说，页面的布局设计将完全是规范的，这将大大节约了开发成本。虽然网格系统是一个限定，但是应用起来还是非常灵活的，这使得设计出的网页可以有很高的延展性，通过匹配不同的组合，改变 A 和 i 的值就可以衍生出任何一种栅格系统。不同的人会有不同的习惯，有人喜欢 12 列的网格，有人则喜欢 16 列网格，也有人喜欢 24 列的网格，这样就可以做出完全不同的排版来，如图 8-25 所示，网站其栅格系统间隙 i 的值仅为 2 px，结合现代干净清晰的平面风格，以及鲜艳的色彩为简洁的几何图形增添了几分趣味。

图 8-25　栅格系统应用实例

栅格化设计并非是万能的，理由很简单，栅格的优点也是缺点，规范意味着统一也意味着限制。很多时候也无需用栅格来限制设计师的灵感。但绝大多数情况下，推荐栅格化设计。尤其是图文混排、版块很多的网站，栅格化设计会让内容杂乱无章的页面呈现清爽感。

8.5.3　栅格化设计的参数

网上最热的 960 px 栅格系统从 2009 年就开始正式推出了，至今仍然有很多设计师在使用，除了考虑到显示设备的分辨率，还依赖于 960 px 的灵活性。所以，对于新手来说，采用 960 px 仍然是最佳的方案，不会出彩也不会出错。如果是考虑到宽屏的设计(需要舍弃一部分分辨率不高的用户)，可以把栅格化系统的宽度设为 980 px 甚至以上。但没有栅格化设计经验的设计师需要注意，这里说的 960 px 包含边距部分，换句话说，在 psd 文档中，内容部分是 950 px。栅格化版面可以借助一些非常好用的在线工具，比如 Grid.Guide，如图 8-26 所示，这是 12 列栅格在内容宽度 950 px 下的三种版式规范，当然也可以使用 24 列，灵活度更高。

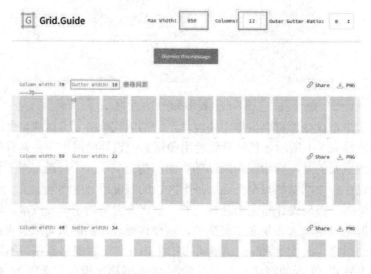

图 8-26　Grid-Guide 自动生成的栅格系统方案(宽 950-12 列)

从图 8-26 中可以看出，这三种方案的列宽(column width)和间距(gutter)不同，剩下的工作对于设计师来说就简单了很多，可以把版式规范的 png 格式下载下来，作为网页设计的基础版块，在此基础上进行列的划分。或者只是以这个参数为基础，重新建立参考线。图 8-27 所示的为简单地用版式规范做的一个页面设计示意图，这就是基于栅格系统设计的优点，在划分列时，有理可依，有据可循。

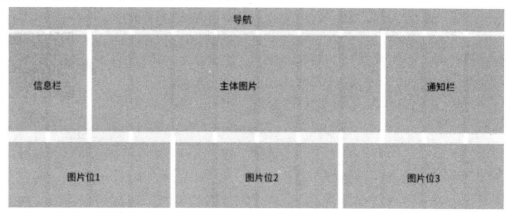

图 8-27　基于 960 px 系统的版块划分示意

栅格化系统并没有统一的准则，设计师可以采用一些黄金分割之类的能体现设计感之类的值，或者垂直间距与栅格系统的水平间距相同或是整数倍，总之，需要一个规范指导全站设计。

栅格在商业设计中是一种不可或缺的设计工具，因为它简化了混乱到有序的过程，在网站设计中这样的能力是相当重要的。大多数普通用户都希望以一种方便快捷的方式获取信息，为满足这个需求就有必要将信息有序化，结构化。当然，这并不意味着网站的外观就应该变得朴素和平淡。就算是再简单的几何形状也能被色彩化，图像和图形也可以消去本来的模样，这样的喧宾夺主却使网页变得更具魅力。栅格系统是让信息更具条理的方式之一，但也不一定非得百分之一百完全遵循栅格的网格进行设计，有时也需要打破栅格系统，这也是创建视觉兴趣点的好方法。

8.6　课后实践练习

【实践目标】

熟悉和掌握页面布局设计的基本原则和方法，能够科学使用栅格工具，并可以使用 Photoshop CS6 进行版式布局设计。

【实践流程】

(1) 根据客户的需求、网站的定位，利用恰当的栅格系统绘制布局草图，并仔细算出各元素的尺寸。

(2) 按照图 8-27 所示的方法进行布局草图设计。

(3) 完成网页版式布局设计图。

【实践题目】

(1) 为配合某城市每年一度的大型车展活动，需建一个车展网站进行宣传，请设计一个车展网站的版式布局设计图。

(2) 某品牌手机厂商打算自建一个网上商城，以达到产品展示和在线销售的目的，请根据需求设计该网站的首页版式布局图。

习题答案

第 9 章　网页布局实例解析

【学习目标】

- 通过网页布局设计实例了解 Photoshop CS6 在设计中的应用。
- 熟练掌握 Photoshop CS6 各种工具在实际应用中的使用方法。

企业网站布局设计
视频讲解

9.1　实例 1：企业类网站布局设计

　　网站作为企业的名片越来越受到人们的重视，成为企业宣传品牌、展示产品和服务的平台和窗口，企业通过网站可以展示企业形象，扩大社会影响力，提高企业知名度。同时富有特色的企业网站是一个企业文化的载体，通过视觉元素展示企业的文化和品牌，是一种最直接的宣传手段。

　　与门户网站或大型电子商务网站不同，企业网站建设的主要目的是宣传和推广企业的产品和服务，展示企业的品牌和文化，因此企业网站不必像门户网站那样包罗万象，也不必像电子商务网站那样拥有各种完备的功能。企业网站的功能、内容都是为企业的经营管理服务的，网页设计师应根据企业所处的行业，结合企业自身的特点和企业客户的功能需求进行设计。

　　企业网站设计风格以大气实用为主，设计风格要简洁、大方，并突出主要信息。本项目是长沙××土石方工程有限公司官方网站，这是一家主要从事土石方挖掘和运输业务的工程公司。土石方工程在一般人眼里就是跟泥巴石头打交道，业主希望网站具有一种清新的风格，改变人们以往对土石方公司的固有成见，把网站打造成公司的一张对外宣传的名片。为了突出专业性和时代感，网站页面主色调选用了蓝色 + 浅灰色。

　　设计步骤如下：

　　第一步：新建文档，打开 Photoshop CS6，单击菜单"文件"→"新建"命令，新建一个 1000 像素 × 820 像素的画布，如图 9-1 所示。

　　第二步：按组合键 Ctrl + R 显示标尺，并按事先在设计草图上计算的好的尺寸用参考线分割出网页的布局，如图 9-2 所示。

　　第三步：打开 LOGO 文件，将其拖拽到页面的左上方，使用组合键 Ctrl + T 对图形进行自由变换，再按住 Shift 键等比例缩放，如图 9-3 所示。完成后把图层的名称更改为"LOGO"，以便于识别。

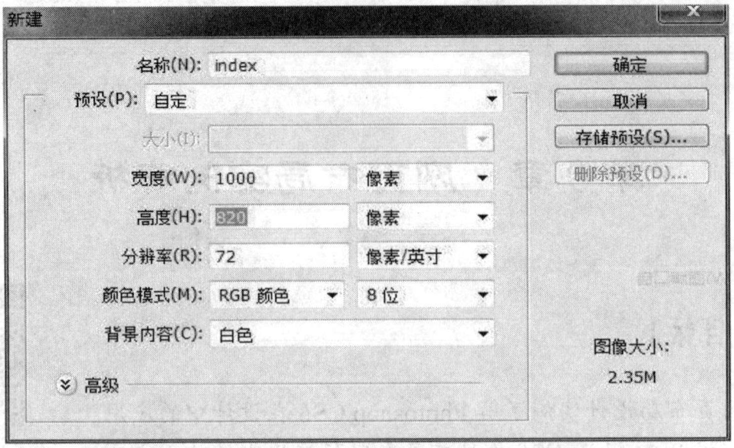

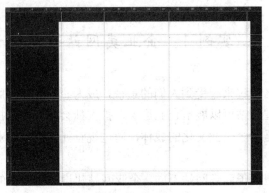

图 9-1　新建画布

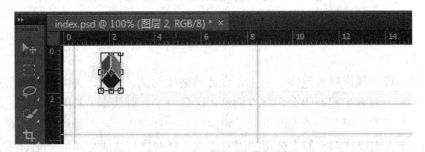

图 9-2　网页布局参考线

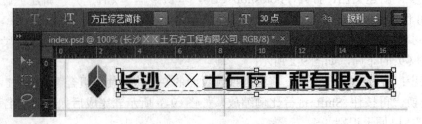

图 9-3　调整 LOGO 大小和位置

第四步：点击左侧工具箱中的 **T** 按钮，在文本图层中输入公司的名称，设置字体为"方正综艺体"，字体大小为"30 点"，颜色为 #000000，并调整好位置，如图 9-4 所示。

图 9-4　新建公司名称的文字图层

　　第五步：在"图层"面板中，复制上面这个图层，得到图层的副本。然后选择图层副本，点击菜单中的"编辑"→"变换"→"垂直翻转"选项，将图层副本进行翻转后，调整到正向文字的下方，并上下对齐，如图 9-5 所示。

图 9-5　文字翻转后的效果

　　第六步：如图 9-6 所示，在"图层"面板上为"文字副本"图层添加蒙版，在蒙版中加入渐变填充，并将不透明度调整为"33%"，得到图 9-7 所示的倒影效果。

图 9-6　添加图层蒙版

图 9-7　文字倒影效果

　　第七步：用第三步至第六步同样的方法，添加热线电话图标素材和号码的数字文本，电话号码的字体为"Arial Black"，字体大小为"18 点"，完成后的效果如图 9-8 所示。

图 9-8　添加热线电话号码

　　第八步：在工具箱中点击【矩形形状】按钮 ，在画布中按参考线设定的大小绘制矩形用于制作导航条背景，Photoshop CS6 会自动为形状创建一个新的图层，如图 9-9 所示。

图 9-9　新建矩形形状

第九步：如图 9-10 所示，创建完成"矩形形状"图层后，立刻点击画布上方属性栏中的【填充】按钮，将填充模式设置为"线性渐变"，渐变方式为"前景色到背景色"，前景色为"#67e8f4"，背景色为"#355f97"，渐变方向调整为"垂直从上至下"，将图层的名称更改为"导航条"，完成后的效果如图 9-11 所示。

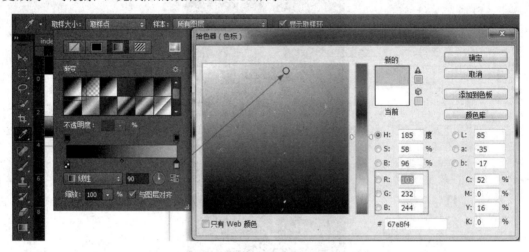

图 9-10　设置导航条的颜色为渐变色

图 9-11　导航条渐变色效果

第十步：再次点击【矩形形状】按钮 ，在"导航条"图层上方绘制一个矩形形状，覆盖在"导航条"图层的上半部，填充模式为"纯色"，颜色为"纯白色"(#FFFFFF)，如图 9-12 所示，调整图层不透明度为"30%"，重命名图层名称为"高光"，完成后的效果如图 9-13 所示。

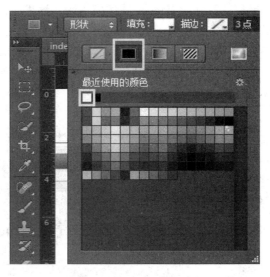

图 9-12　设置导航条高光图层填充参数

图 9-13　完成高光设置后的效果

第十一步：继续点击"矩形形状"按钮  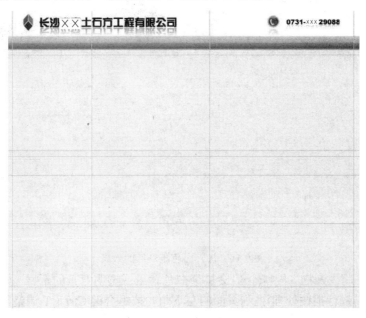，在"导航条"图层的下方绘制一个矩形形状，覆盖整个空白部分作为页面的背景框架的颜色，填充模式为"纯色"，颜色为"#eeeeee"，修改图层名称为"框架背景"，如图 9-14 所示。

图 9-14　填充网页框架灰色背景

　　第十二步：将另外单独制作好的 Banner 图像拖进来。这里建议 Banner 单独制作，一是有利于降低文件的复杂度；二是网页上的 Banner 一般是数张大小相同的图片进行滚动显示的，在单独制作 Banner 时一般按事先计算好的尺寸进行制作，拖曳进来后就不需要再调整大小，只要摆放好位置。最后修改图层名称为"Banner"，如图 9-15 所示。

图 9-15　加入 Banner 后的效果

　　第十三步：点击"矩形形状"按钮，绘制一个白色矩形作为网页内容的背景，修改图层名称为"页面背景"，如图 9-16 所示。

图 9-16　加入白色矩形后的效果

　　第十四步：将"人物"素材(一般会挑选白色背景或透明背景的素材，如果是其他不透明的背景，还需进行抠图处理)拖到页面的左下角，按组合键 Ctrl + T 调整其大小，并放置在合适的位置，修改图层名称为"人物"，如图 9-17 所示。

图 9-17　加入"人物"素材

第十五步：新增加几条参考线，以便更精细地确定各元素的位置。点击左侧工具箱中的 **T** 按钮，在文本图层中输入"公司简介"四个字，设置字体为"微软雅黑"，黑色加粗字体，字体大小为"14 点"，调整字间距为"100"。然后再以同样方式输入"公司动态"和"工程案例"两个栏目标题，如图 9-18 所示。

图 9-18　加入栏目标题

第十六步：继续点击左侧工具箱中的 T. 按钮，输入英文"Company profile""News" "Products"等文本，字体为"Arial"，字间距为"0"，首字母大小为"20 点"，颜色为 "#8c8b8b"，其他字母的大小为"14 点"，颜色为"#ccc9c9"，如图 9-19 所示。

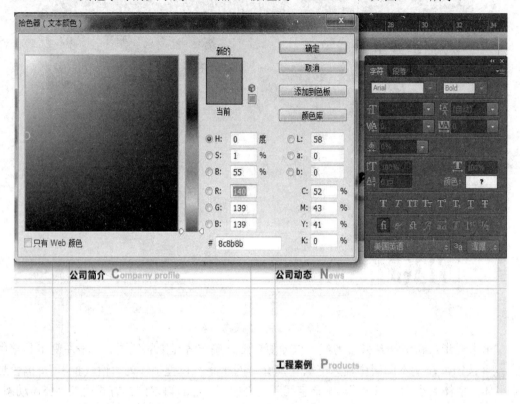

图 9-19　加入英文文字

第十七步：加入 2 个"more+"按钮素材，摆放在合适的位置，如图 9-20 所示。

图 9-20　加入"more+"按钮素材

第十八步：将素材图片拖到页面中，按组合键 Ctrl + T 调整大小，并放置到合适的位置，如图 9-21 所示。使用素材时，一般建议先单独对素材图片进行处理，例如有的素材需要抠图，有的素材需要裁切，待处理完成后，再将处理后的素材复制或剪切到页面中，这样可以降低页面文件的复杂度。

图 9-21　添加素材图片

第十九步：在页面中新建一个图层，命名为“分割线”，用于制作左中右三个栏目版块之间的分割线。长按工具箱中的 按钮 2 秒钟，在弹出的菜单中选择“单列选框工具”，沿着参考线点击一下，形成一个单列选区，如图 9-22 所示。

图 9-22　选取单列选区

第二十步：在工具箱中选择“矩形选框工具” 后，按住 Alt 键，此时“十”字型鼠标指针旁边会出现一个“—”符号，可以用来进行减少选区的操作，此时把不需要选取的区域用鼠标框选进去，仅留下两个箭头之间所指区域的选区，为了便于查看填充后的效果，最好把此选区保存到通道中，如图 9-23 所示。

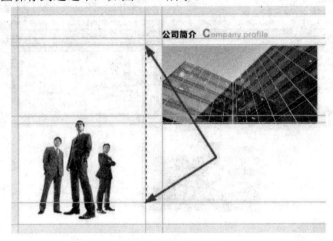

图 9-23　减少后的选区

第二十一步：点击工具箱中的【渐变】工具 ，将前景色和背景色恢复成黑色和白色，然后在左上角属性栏中点击 按钮，在弹出的"渐变编辑器"对话框中，修改渐变颜色分布，设置左右的颜色为"白色"，中间 50%位置的颜色为"#8c8c8c"，如图9-24 所示。

第二十二步：上一步的设置完成后，就可以对选区进行填充了，填充的方向为垂直从上到下，在拖曳填充时按住 Shift 键以保持渐变的方向垂直，最后得到的效果如图 9-25 所示。

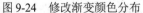

图 9-24　修改渐变颜色分布　　　　　　　　图 9-25　完成后的分割线

第二十三步：在"图层"面板中，将"分割线"图层复制出一个副本，然后放置在第

2 栏与第 3 栏之间,至此我们基本完成了网站首页的布局设计,完成后的布局设计如图 9-26
所示。

图 9-26　完成后的首页布局设计

接下来的工作是切图,然后用 HTML + CSS 重构网站,加入 JS 特效,再将制作好的
网页跟内容管理系统(CMS)相结合,上传到 Web 服务器进行发布,才算完成整个网站的制
作,这部分的内容将在后续课程中学习。本项目最终完成后的效果如图 9-27 所示。

图 9-27　网站完成后的最终效果

9.2　实例 2：学校网站布局设计

　　学校网站是学校的展示窗口，每一所学校都有自己的特色和个性。在这个互联网时代，学校建立自己的网站是最直接、最有效的宣传手段。学校的工作指导思想、办学方向、教学特色及招生就业等方方面面的信息可以在网上发布，同时学校网站又是学校重要的学习、管理、教研和科研平台。通过建设学校网站既增加了工作透明度，又有助于学校工作的开展。

学校网站布局设计视频讲解

　　通常学校相比较大多数的企业(2017 年全国小微企业大约有 7328 万家)，属于比较大型的机构，因此很多学校的门户网站包罗万象，结构比较复杂。为了便于初学者学习，我们选择了一个小型培训学校的网站案例进行解析。

　　本项目是星星亮艺术学校网站，该学校是一家主要从事音乐艺术教学的培训学校，培训对象以中小学生为主。培训学校建设网站的目的主要宣传展示学校特色，以便于招生。网站的主要浏览对象是中小学生和家长，因此整体设计风格要大气、活泼。使用 Photoshop CS6 制作网页模板之前，通常会先在网格纸上绘制设计草图，以便精确计算出每个元素的尺寸。

　　设计步骤如下：

　　第一步：新建文档，打开 Photoshop CS6，执行"文件"→"新建"命令，新建一个 1428 像素 × 1400 像素的画布，如图 9-28 所示。

图 9-28　新建画布

　　第二步：按组合键 Ctrl + R 显示标尺，并按事先在设计草图上计算好的尺寸用参考线分割出网页的布局，网页的主体宽度为"1000 px"，如图 9-29 所示。

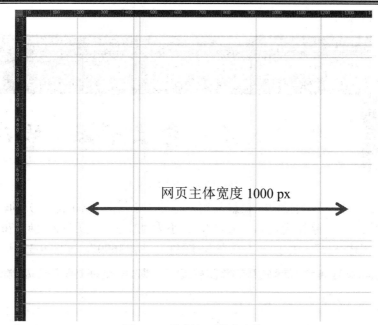

图 9-29　绘制主要的参考线

第三步：打开"LOGO"文件，将其拖到页面的左上方，使用组合键 Ctrl + T 对图形进行自由变换，再按住 Shift 键等比例缩放，如图 9-30 所示。完成后把图层的名称更改为"Logo"，以便于识别。

图 9-30　添加 LOGO 图片

第四步：点击左侧工具箱中的 ⊤ 按钮，在"文本"图层中输入公司的名称，设置字体为"书体坊糕效锋行草体"，字体大小为"37 点"，颜色为"#000000"，并调整好位置。这里使用的字体比较特别，本书的配套资源中将为读者提供这种字体，如图 9-31 所示。

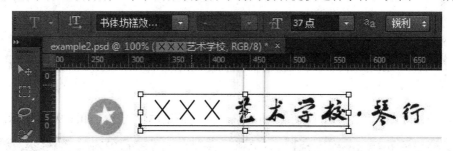

图 9-31　输入学校名称

第五步：继续点击左侧工具箱中的 ⊤ 按钮，在"文本"图层中输入学校的英文名称，设置字体为"Dutch 801 BT"，调整字体大小为"12.71 点"，颜色为"#7e7e7e"，并调整好位置，如图 9-32 所示。

图 9-32　输入学校英文名称

第六步：点击左侧工具箱中的 ⊤ 按钮，添加 2 个新的文本图层，分别输入"咨询电话"和电话号码，中文字体设置为"宋体"，大小为"12 点"，颜色为"#7e7e7e"，数字字体为"Adobe 黑体 Std"，大小为"30 点"，颜色为"#ff3600"，如图 9-33 所示。

图 9-33　加入电话号码图层

第七步：打开电话图标文件，按组合键 Ctrl + A 全选后复制，切换至页面文件，点击"编辑"→"粘贴"，然后将其拖曳到电话号码左侧，使用组合键 Ctrl + T 对图片进行自由变换，完成后把图层的名称更改为"电话图标"，如图 9-34 所示。

图 9-34　加入图标

第八步：新建图层，选择工具箱中的"矩形选框工具" ⬚ ，在页面标题下方拖出一个横贯整个页面的矩形选区，矩形高度为"50 像素"，选择前景颜色为"#2878cf"，对选区进行填充，修改图层名称为"导航条背景"，如图 9-35 所示。

图 9-35　绘制导航条背景

第九步：点击工具箱中的 ⊤ 按钮，输入导航条菜单项文字，如图 9-36 所示。

图 9-36　输入导航条菜单项文字

第十步：在"导航条背景"图层的上面，导航条菜单项文字的下面新建一个图层，选择工具箱中的"矩形选框工具" ，在菜单项"艺术教育"的位置选择一个矩形区域，将前景色设置为"#ff6c00"，按组合键 Alt + Delete 填充前景色，做出鼠标焦点效果，如图9-37 所示。

图 9-37　鼠标焦点效果

第十一步：将单独制作好的 Banner 图像拖到合适的位置(为避免侵犯肖像权，教材中对人物头像做了模糊处理)，修改图层名称为"Banner"，如图 9-38 所示。

图 9-38　添加 Banner

第十二步：新建图层，选择工具箱中的"矩形选框工具" ，沿参考线拖拽出一个230 像素×516 像素的选区，更改前景色为"#2878cf"，按组合键 Alt + Delete 填充前景色，如图 9-39 所示。

图 9-39　创建次级导航区背景

第十三步：选择"矩形选框工具" ，在左上方的"工具"属性栏中设置填充色为"无"，描边颜色为"#92e1ff"，线框宽度为"1 像素"，然后在如图 9-40 所示的位置绘制一个 92×78 像素的矩形框。

第十四步：长按工具箱中的【钢笔工具】按钮 ，在弹出的菜单中选择"添加锚点工具"，如图 9-41 所示，在上一步绘制的矩形框中添加三个锚点。

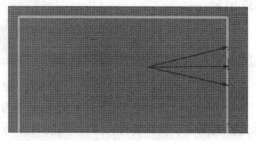

图 9-40　绘制矩形框　　　　　　　　　　图 9-41　添加三个锚点

第十五步：长按工具箱中的【钢笔工具】按钮，在弹出的菜单中选择"转换点工具"，然后分别在三个锚点上点击一下，将之前添加的三个锚点转换成"角点"(注意，此步骤必不可少，默认为曲线点，也就是常说的贝塞尔曲线点)，接着再次点击【钢笔工具】按钮，将中间的点向右侧拖拽，形成一个小三角形，最后将完成后的图层重命名为"线框"，如图 9-42 所示。

第十六步：将"线框"图层复制两个副本，分别下移放置在左侧次级导航栏中，如图 9-43 所示。

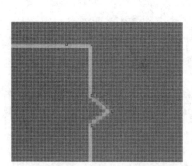
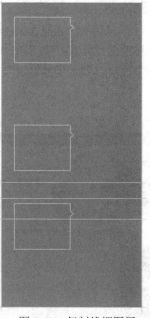

图 9-42　添加和修改锚点　　　　　图 9-43　复制线框图层　　　　图 9-44　在线框中添加文字

第十七步：点击工具箱中的 T 按钮，在上一步做好的线框内部输入文字，数字字体为"Coco"，大小为"40 点"；三大类的中文字体为"微软雅黑"，大小为"16 点"，线框右侧为分类链接文字，字体为"宋体"，大小为"14 点"，效果如图 9-44 所示。

第十八步：在工具箱中选择"矩形选框工具" ，在左上方的工具属性栏中设置填充色为"红色"(#ff0000)，描边为"无"，绘制出一个 10×33 像素的矩形。然后选择工具箱中的"路径选择工具" ，此时用鼠标点击矩形形状后，矩形的四个顶点上会出现四个黑色锚点，按下 Ctrl 键后鼠标箭头会由黑色三角形变成白色三角形。再次用鼠标点击矩形，黑色锚点会变成小方框，此时在当前状态下可以对锚点进行移动操作，按住鼠标框选右侧两个锚点，按住 Shift 键(确保在垂直方向拖拽)向上拖拽两个锚点。最后将图层重命名为"平行四边形"，完成后的效果如图 9-45 所示。

　　第十九步：在"图层"面板中选择"平行四边形"图层，复制图层后得到一个副本。选择工具箱中的"路径选择工具" ，选择复制后的平行四边形，然后在左上角工具属性栏中将填充色修改为"#2878cf"，得到一个蓝色的平行四边形，如图 9-46 所示。

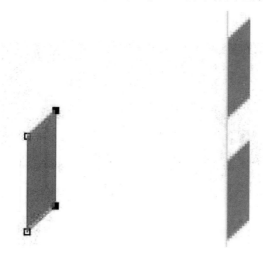

图 9-45　制作平行四边形　　　　图 9-46　复制出蓝色的平行四边形副本

　　第二十步：重复以上操作，复制出多个蓝色和红色副本后，沿着参考线进行均匀布置(上下两条边的四边形需要作 90°旋转)，如图 9-47 所示，圆圈中的四个边角按照第十五步的方法调整四边形的形状，并对多余的锚点做删除处理。为了便于管理这么多四边形，在"图层"面板下方，点击 按钮，创建一个文件夹，重命名为"信封"，按 Shift 键选择所有的平行四边形副本，将其拖拽到"信封"文件夹中。

图 9-47　制作信封边框

　　第二十一步：点击左侧工具箱中的 按钮，在文本图层中输入文字"星星亮艺校致家长的一封信"，设置字体为"文鼎粗钢笔行楷"(本书配套资源中将为读者提供这种字体)，字体大小为"23 点"，颜色为"# 2978cf"，并调整好位置，效果如图 9-48 所示。

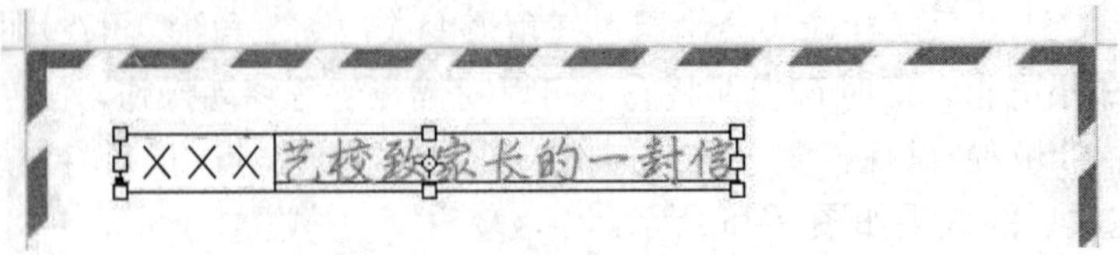

图 9-48　输入文字

第二十二步：将素材图片拖到页面中，按组合键 Ctrl + T 沿着参考线调整好大小，并放置到合适的位置，如图 9-49 所示。

图 9-49　加入素材图片

第二十三步：在工具箱中点击【矩形形状】按钮 ▢，在左上方的工具属性栏中设置填充色为"#e84c3d"，描边为"无"，在图 9-50 所示的位置绘制一个 190 × 24 像素的矩形。

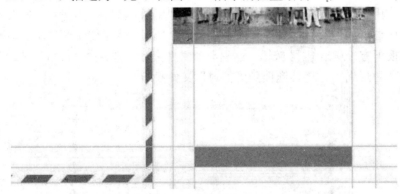

图 9-50　绘制矩形

第二十四步：点击左侧工具箱中的 T 按钮，在文本图层中输入文字"查看更多 +"，设置字体为"宋体"，字体大小为"12 点"，颜色为"#fee3e0"，效果如图 9-51 所示。

图 9-51　加入文字

第二十五步：继续使用第二十三步和第二十四步的方法，在右下方绘制标题栏矩形和文字，如图 9-52 所示。

艺术简讯　　　　　　　　　　　　　　　　　　　　　　　　　　　＋更多

图 9-52　绘制标题栏

第二十六步：将素材图片拖拽到页面中，按组合键 Ctrl + T 沿着参考线调整好大小，并沿参考线进行放置，如图 9-53 所示。

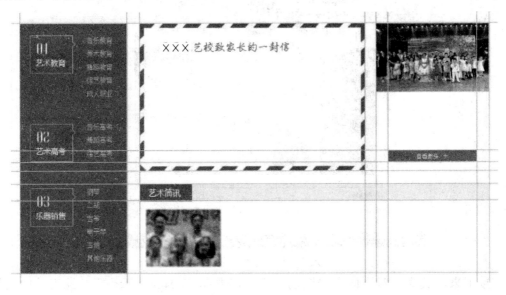

图 9-53　加入图片素材

第二十七步：工具箱中点击【矩形形状】按钮 ▦，在左上方的工具属性栏中设置填充色为"无"，描边为"1 像素"，颜色为"#ececec"，绘制一个 744 像素 × 184 像素的矩形，如图 9-54 所示。

图 9-54　绘制矩形线框

第二十八步：使用第二十三步和第二十四步类似的方法，在页面最下方绘制两个矩形，如图 9-55 所示。

图 9-55　绘制页面底部区域

第二十九步：最后再使用【矩形工具】在页面底部绘制两个矩形，至此，整个网页的布局设计基本完成了，完成后的布局设计整体效果如图 9-56 所示。

图 9-56　页面整体布局设计效果

　　接下来，就需要对页面布局图进行切片，并在 Dreamweaver 等开发工具中使用 HTML+CSS 重构网站，这部分内容将在 10.3 节中展开。完成后的网站效果如图 9-57 所示。

图 9-57　最终页面效果

9.3　网页布局注意事项

网页布局设计是网站建设中非常重要的一环，网页布局设计的软件很多，比较常用的有 Dreamweaver，但是很多初学者往往是一上手就使用 Dreamweaver 进行规划布局，结果使网站建设延期，下载速度降低，更糟的是合同违约，失掉客户，造成不可估量的损失。究其原因，关键是忽视了 Photoshop CS6 在网页规划布局中的作用。初学者知道 Photoshop CS6 是图像处理软件，但只是把它用来解决一般图像裁切、调整、优化，而忽视它在网页布局设计中的重要作用。

用 Photoshop CS6 设计网页布局应注意的几个问题

(1) 颜色。网站背景颜色与文件颜色要统一协调，一般不要超过两种，一些网站被批评为脏、乱、差，其要害是颜色搭配不合理，或者太多，给人一种不舒服的感觉。

(2) 字体和标题。导航字体一般用黑体或微软雅黑，正文一般用宋体，其他字体如果浏览器不兼容，可能造成调试时出错，给工作带来麻烦。如果为增强页面效果用到其他字体，则最好在用 Dreamweaver 前在 Photoshop CS6 切分图片，字体的颜色设置要考虑到整个页面的效果。

(3) 布局格式。虽然效果图是用 Photoshop CS6 设计的，但一定要兼顾到 Dreamweaver 对页面布局的要求，Dreamweaver 下网页布局使用哪种类型的布局，是否使用框架，使用框架的类型是哪一种，都是在设计前要考虑到的。否则会造成效果图与最后的网站布局出现出入，给客户和自身带来麻烦和损失。

(4) 图文搭配。一个好的网站是图片多还是文字多，这要视网站的功能、行业、目的而定，但有个原则就是图文合理配置，而图片则要按一定的空间分布进行和谐分布。另外，图片大小要合乎美学原则，不能太大，一般用缩略图较好，如果要显示更多的图片细节，不妨给缩略图链接一个大的图片。

(5) 科学使用参考线。参考线是设计页面布局的有效辅助工具，而参考线的精确定位可以借助标尺和网格来实现，这里要注意的是网站的 LOGO、Banner 或者导航条等都是事先设计好的，有固定大小，在做这些区域时尺寸一定要按照这些元素尺寸设计，不能有丝毫差错，否则进入 DreamWeaver 整合时，则可能出现空边或撑开表格的现象。

9.4　课后实践练习

【实践目标】

熟悉 Photoshop CS6 的基本操作，科学使用参考线，合理搭配文字、图形等进行版式布局。

【实践流程】

(1) 根据客户的需求、网站的定位、受众群构思网页版式布局。

(2) 把重要的元素和网页结构相结合，绘制布局草图，并仔细计算出各元素的尺寸。

(3) 根据布局草图，新建 Photoshop CS6 文件，绘制出与结构相关的参考线。

(4) 准备图片素材，根据客户的要求将其所需的内容有条理地融入于整个的框架中。

(5) 完成网页版式设计。

【实践题目】

选择合适的素材，完成某大学某二级学院网站首页版式布局设计。

习题答案

第 10 章　网站首页设计与制作实例

【学习目标】

- 学习并掌握根据网站需求进行网站规划的方法。
- 掌握 Web 页面设计的一般步骤与方法。
- 掌握使用栅格工具辅助 Web 页面设计的方法。

10.1　概　　述

网站设计的首要任务就是了解用户的需求，在需求分析的过程中，往往有很多不明确的地方，这时设计师需要主动去调查访问者的实际情况。调查的形式有以下几种：发需求调查表，开需求调查座谈会或者现场调研。只有把访问者的需求弄清楚了，才能进一步确定网站的定位，分析网站的受众群体特征，构思网站的结构、栏目的设置、网站的风格、颜色搭配、版面布局等，形成完整的网站策划方案。

1. 网站建设需求分析

本案例中的东方冰眼科技有限公司是一家专业设计制造高端无人机的高新科技公司，其核心产品为企业和军用级别的高端无人机，公司建设官方网站的目的，一方面要达到企业形象宣传的作用；另一方面，未来网站将成为公司开展 B2B 电子商务活动的平台。

2. 网站栏目规划

一个网站的基本框架是由网站的栏目结构组成的，它决定着访问者能否在网站上快速地获取信息。网站的栏目结构并不是随意地把栏目链接起来就能搭建出一个合理的框架来的，而是要从访问者体验出发，能够快速地提供给访问者有作用的信息内容，才算得上是合理的网站栏目结构。

网站栏目首页必须能够顺利地链接到每一个栏目的首页当中。从访问者的角度来看，进入二级栏目页，产品页，以及其他页面，点击的次数最好不要超过三次，否则访问者在查找信息的时候，会非常的麻烦，对搜索引擎的爬取和采集也会非常不利。网站建设以前，设计师需要对网站的栏目做一份详细的规划，这对网站后期的经营以及维护都是很有作用的，而且网站的建设只有在栏目规划好的前提下才能进行，因此对于网站栏目结构的设置，设计师必须要合理地进行设置。本案例中，设计师根据访问者的需求进行了栏目规划，主要的栏目结构如图 10-1 所示。

绘制布局草图
视频讲解

图 10-1　网站栏目规划

3. 绘制版式布局草图

完成以上工作之后，网站的大致轮廓就逐渐清晰起来。网页设计和写文章一样，如果能够事先打一个草稿的话，就能够降低修改的成本，提高工作效率。所以在实际的设计之前，在纸上用铅笔绘制页面布局草图是一个不错的方法。

网页设计师与客户通过绘制网页布局草图的方式进行交流，以进一步明确网站的版式设计。手绘草图虽然非常便于修改，但对页面的尺度还不能很好地表达，因此一旦版式确定下来，设计师还需要使用专门的工具将草图按照选定的尺度进行绘制，图 10-2 所示的是使用图形工具绘制的首页版式设计草图。

接下来还可以对版式设计草图进一步完善布局设计，其目的是确定版式中的内容，将栏目和版块的标题具体化。当我们已经有一个很好的框架时，需要根据客户的要求将其所需的内容有条理地融入于整个的框架中，并对图片的处理、空间的利用进行合理编排，图 10-3 所示的是完善设计后的版式设计图。

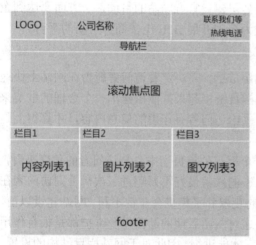

图 10-2　网站首页版式设计草图

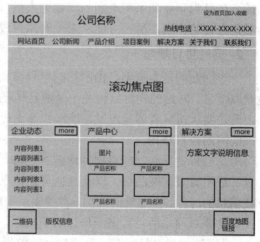

图 10-3　完善设计后的版式布局图

版式布局设计完成后，就可以根据版式布局设计图，运用 Photoshop 等工具制作版式设计效果图了，科技公司网站设计风格以简约大方为宜，为了突出专业性和科技感，网站页面以蓝色、白色等淡色系为主要渲染色彩，风格要简洁。本网站首页页面完成后的效果如图 10-4 所示，设计上体现出栏目清晰、信息分明、操作简便切实为访问者着想。

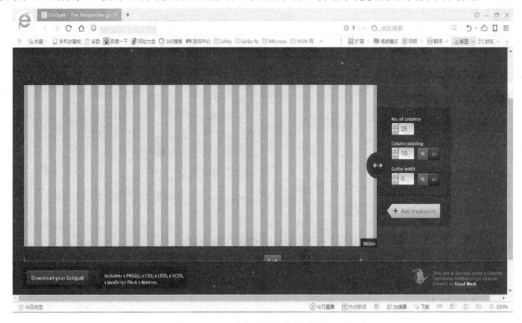

图 10-4　下载栅格系统的在线工具

10.2　网站首页效果图设计与制作

在本书的第 8 章已经介绍了栅格设计系统，栅格系统可以帮助我们指导和规范网页中的版面布局以及信息分布，让网页的信息呈现更加美观易读，更具可用性。

页面效果图设计
与制作视频讲解

首先选取一个合适的栅格系统，网上搜索结果最热的 960 px 栅格系统从 2009 年就开始正式推出，直到今天仍然有很多设计师在使用，除了考虑到显示设备的分辨率，还依赖于 960 px 的灵活性。如果考虑到宽屏设计(需要舍弃一部分显示器分辨率不高的用户)，可以把栅格化系统的宽度建为 980 px、1000 px、1200 px 甚至以上，以适应当下显示屏越来越大的趋势。但没有栅格化设计经验的设计师需要注意，这里说的 960 px 包含边距部分，换句话说，在 psd 文档中，内容部分是 950 px。在本案例中，根据公式 $W = (A \times n) - i$，我们选择 $A = 40$ px，$i = 10$ px，$n = 25$，计算出 $W = 990$ px。

那么如何得到所需要的栅格呢？第一种方法是借助一些非常好用的在线工具，按照输入的参数自动生成一个栅格系统，并输出一个栅格图像文件，例如 http://grid.guide/以及 http://gridpak.com/等。

第二种方法则是自制一个栅格系统。自制栅格系统的方法之一是编写 HTML + CSS 代码生成一个如图 10-5 所示的 Web 文件，然后用浏览器打开，通过截图或浏览器自带的存图功能将栅格保存为图像格式文件。

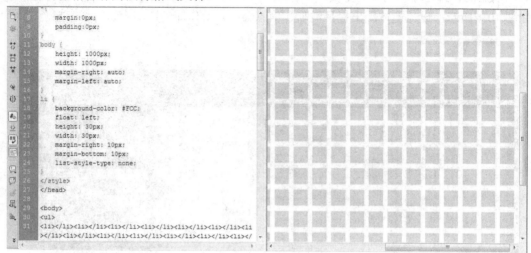

图 10-5　用 HTML + CSS 生成栅格系统

现在我们可以开始设计制作网页模板了，具体设计步骤如下：

第一步：新建文档，打开 Photoshop，单击"文件"→"新建"命令，新建一个 990 像素 × 910 像素的画布，如图 10-6 所示。

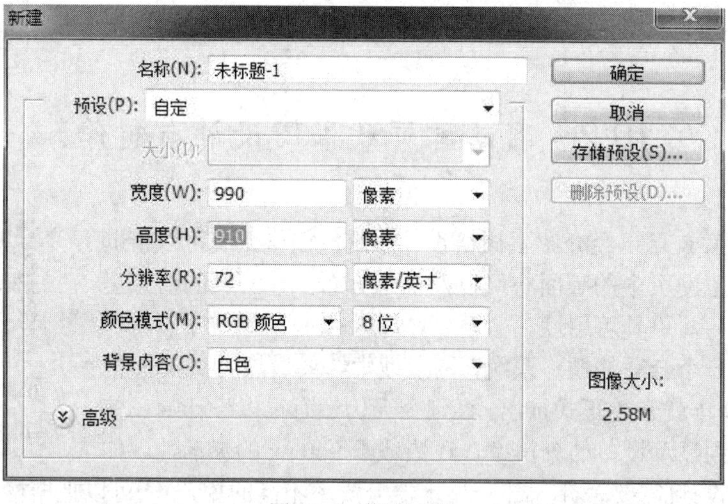

图 10-6　新建文档

第二步：将获得的栅格图像进行裁切等处理，得到一个宽度为 990 像素的栅格图像文件，再用 Photoshop 打开栅格文件，按照布局草图计算出来的尺寸，用参考线将网页的布局区块分割出来，如图 10-7 所示。建议把栅格图像始终置于所有图层的最上层，并把图层的名称改为"grid"，将图层不透明度设置为"40%"，以便于观察下方的图层是否按栅格规范布局。

第三步：打开 LOGO 文件，将其拖拽到页面的左上角，使用组合键 Ctrl + T 对图形进行自由变换，接着按住 Shift 键等比例缩放，调整好 LOGO 大小和位置，如图 10-8 所示。完成后把图层的名称更改为"LOGO"，以便于识别。

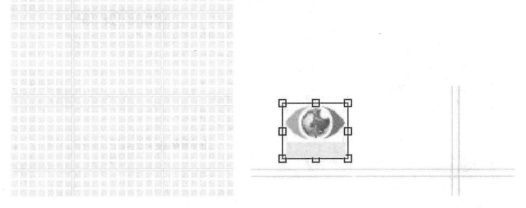

图 10-7　在 Photoshop 中借助栅格分割区块　　　　图 10-8　加入 LOGO 到页面左上角

第四步：点击左侧工具箱中的 ![T] 按钮，在"文本"图层中输入公司的名称，设置字体为"方正正大黑体"，字体大小为"32 点"，颜色为"#025173"，字体宽度为"136%"，调整到如图 10-9 所示的位置。点击"图层"面板下方的 ![fx] 按钮，弹出"图层样式"对话框，增加一个"渐变叠加"效果，参数设置如图 10-10 所示，单击编辑渐变颜色的颜色条，弹出"渐变编辑器"对话框，将颜色设置为浅蓝到深蓝色的渐变，如图 10-11 所示。

图 10-9　新建公司名称的文字图层

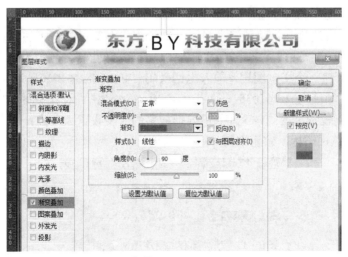

图 10-10　为文字图层添加"渐变叠加"图层样式

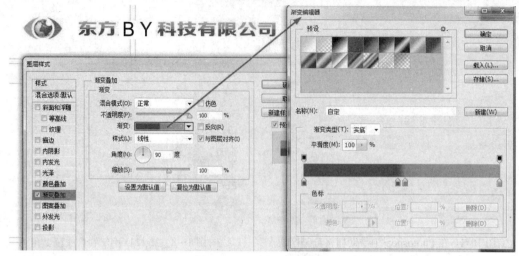

图 10-11　设置文字渐变色

第五步：点击左侧工具箱中的 T 按钮，在新的文本图层中输入公司的英文名称，设置字体为"Berlin Sans FB Demi"，字体样式为"Bold"，大小为"14 点"，颜色为"#025173"，字体宽度为"130%"，调整到如图 10-12 所示的位置，与上面的中文名称对齐。

图 10-12　输入英文名称

第六步：点击左侧工具箱中的 T 按钮，点击页面的右上角位置，在新的文本图层中输入文字"设为首页|加入收藏|联系我们"，字体设置为"宋体"，颜色为"#000000"，大小为"12 点"。此处要注意的是，当文字小于 14 点时，应将文字属性中的默认的"平滑"设置为"无"，只有这样文字才能清晰显示。继续点击左侧工具箱中的 T 按钮，在新的文本图层中输入文字"热线服务电话："，字体设置为"幼圆"，颜色为"#025173"，大小为"18 px"。再新建一个文字图层，输入电话号码"400-888-××××"，字体为"Arial"，样式为"Bold"，颜色为"#f67035"，大小为"20 px"（通常同样尺度的数字会比中文字显小，因此为了达到视觉上的同样大小，需要把数字的尺度设置大一点），然后在电话号码后面添加一个热线电话图标，效果如图 10-13 所示。

图 10-13　在页面右上角添加文字和图标

第七步：在工具箱中选择"矩形选框工具" ▭ ，按参考线设定的大小绘制矩形用于

制作导航条背景，Photoshop 会自动为形状创建一个新的图层，注意将矩形的描边设置为
描边: ／↓，颜色为"#0068b7"，如图 10-14 所示。

图 10-14 制作导航条背景

第八步：点击左侧工具箱中的 T 按钮，连续创建多个文本图层，输入"网站首页"
和所有的栏目标题，在"图层"面板中新建一个文件夹，重命名为"nav"，接下来按 Shift
键的同时选择导航条背景图层和文字图层，将所有选中的图层移动到 nav 文件夹中，保持
选择状态，点击视图上方的 ▐┃▌ 按钮，将所有对象垂直居中对齐。分别将"网站首页"
和"合作交流"两个图层用键盘上的【←】和【→】键进行移动，再次选择所有文字图层，
点击视图上方的【水平居中分布】按钮 ▐┃▌，使所有文本水平均匀分布。接着在背景上方
创建一个新图层，点击左侧工具箱中的 ▐▌ 按钮，在"关于 BY"的位置上绘制矩形选区，
宽度为"120 像素"，高度为"40 像素"，填充颜色为"#62a5d7"，以模拟鼠标悬停的效果。
完成后的导航条如图 10-15 所示。

图 10-15 制作导航条菜单项

第九步：选择一张合适的 Banner 的背景图像拖曳进来，按组合键 Ctrl＋T 沿着参考线
调整大小，保持图像的纵横比，将超出参考线区域的部分用【矩形选框】工具裁切掉，如
图 10-16 所示。

图 10-16 加入 Banner 背景图片

第十步：选取素材中的一张产品照片在 Photoshop CS6 中单独打开，如图 10-17 所示，
点击左侧工具箱中的"魔棒工具" ，将视图上方属性栏中的容差调整为"30"，把鼠标
移至照片中的蓝天背景上，按下鼠标左键选中蓝色天空部分，选中大部分蓝色背景，适当
调整容差值，使选区尽可能大，部分封闭区域内的蓝色背景可以按住 Shift 键扩大选区，
直到把蓝色背景部分全部选中。点击菜单中的"选择"→"反向"选项，选中"无人机"，
将其拖曳到页面设计图中。

图 10-17　对无人机照片抠图

　　第十一步：按组合键 Ctrl + T 将拖曳过来的"无人机"图层调整大小，放置在 Banner 背景图上合适的位置，如图 10-18 所示。

图 10-18　放置无人机图层后的 Banner

　　第十二步：点击左侧工具箱中的 <kbd>T</kbd> 按钮，在文本图层中输入"企业精神"四个字，设置字体为"微软雅黑"，白色加粗字体，样式为"Bold"，字体大小为"28 点"。然后再以同样方式输入文本"追求卓越"，字体为"微软雅黑"，白色加粗字体，样式为"Bold"，字体大小为"40 点"。接着在"图层"面板中新建一个空白图层，将前景色设置为"白色"，然后选择"矩形选框工具"，在"企业精神"和"追求卓越"之间创建一个高 88 px，宽 3 px 的选区，按组合键 Alt + Delete 填充前景色，如图 10-19 所示。

图 10-19　添加文字

　　第十三步：选择左侧工具箱中的"矩形选框工具" <kbd></kbd>，在 Banner 下方 10 px 处绘制一个宽 990 px，高 310 px 的矩形方框，作为内容主框，其边框设置为"1 像素"，颜色为"#b1b1b1"，矩形的参数如图 10-20 所示。

图 10-20　矩形的参数

　　第十四步：选择左侧工具箱中的"单行选框工具"，新建一个图层，沿参考线拖出一个单行选框，按组合键 Alt + Delete 填充前景色"#b1b1b1"，得到一根横贯左右的 1 px 的细线，再使用"矩形选框工具" ，沿参考线选择细线的不同部分，删除选区中的线段，得到如图 10-21 所示的三条线段。在线段上方分别输入三个栏目标题"企业动态""产品中心""解决方案"，同时选择三个文本图层，使用 工具，参照参考线进行底部对齐，并沿参考线调整好水平位置。从外部导入一个"按钮"素材到新图层，重命名图层名称为"more"，并在"图层"面板中两次复制"more"图层，再用键盘上的"←"和"→"键移动按钮，将三个按钮按如图 10-21 所示的位置进行放置。

图 10-21　制作内容版块标题栏

　　第十五步：选择左侧工具箱中的"单列选框工具"，新建一个图层，沿参考线拖出一个单列选框，按组合键 Alt + Delete 填充前景色为"#b1b1b1"，得到一根纵贯上下的 1 px 的细线，使用"矩形选框工具" 选取其中的一段，高度为"288 px"，再点击菜单中的"选择"→"反向"命令，删除反向选中的线段部分，并将剩下的线段在"图层"面板中复制一个副本，分别用键盘上的"←"和"→"键参照参考线移动两根线段，得到图 10-22 所示的效果。

图 10-22　绘制版块垂直分割线

　　第十六步：按照之前介绍的方法，将对应的文本和产品图片填充到各自的内容版块中，具体操作步骤此处略过，效果如图 10-23 所示。

图 10-23　填充文字和图片内容

　　第十七步：新建一个图层，选择左侧工具箱中的"矩形选框工具" ，在内容主框下方 10 px 处沿参考线拖出一个宽 990 px、高 4 px 的矩形选框，按组合键 Alt + Delete 填充前景色为"#0066ca"，得到一根水平分割线。接下来继续在分割线的下方加入"二维码""版权信息""百度地图图标"等元素，方法同前不再赘述，效果如图 10-24 所示。

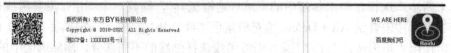

图 10-24　网站首页的 footer 部分

第十八步：至此，我们已经基本完成了网站首页模板的制作，为了将来更好地维护和修改网页的版式设计，有必要将所有的图层进行整理归类。可以分别以 top、nav、banner、content、footer 为名称创建图层文件夹，将相应的图层分别放入对应的图层文件夹，并将图层的名称改为易于识别的名称。如有必要可以将图层全部锁定，以避免不必要的误操作，如图 10-25 所示。

图 10-25　整理后的"图层"面板

至此，我们已经完成了网站首页的布局设计，完成后的网站首页模板效果如图 10-26 所示。

10-26　网站首页模板(效果图)

10.3　网页效果图切图

利用 Photoshop CS6 效果图与客户签合同后，并不是 Photoshop CS6 设计网页布局的终结，还有关键的一步，就是切图。为了提高浏览器的加载速度，或者满足一些版面设计的特殊要求，通常需要把效果图中的部分剪切下来，作为网页制作时的素材，这个过程被称为"切图"。只有正确地切图后，Dreamweaver 才能对效果图进行有效的整合，Photoshop CS6 在网页布局中的积极作用才发挥到了极致，可以说切图是 Photoshop CS6 通向 Dreamweaver 的桥梁。切图的目的是把设计效果图转化成网页代码。常用的切图工具主要有 Photoshop CS6 和 Fireworks。接下来我们对已完成的效果图进行切图。具体步骤如下：

网页效果图
切图视频讲解

第一步：打开 Photoshop CS6，选择左侧工具箱中的"切片工具"，如图 10-27 所示。

图 10-27　选择工具箱中的"切片工具"

第二步：绘制切片区域。方法为按住鼠标左键并拖动，根据网页需要在图像上绘制切片区域进行切片，如图 10-28 所示。

图 10-28　绘制切片区域

　　第三步：导出切片。方法为在切片绘制完成后，单击菜单"文件"→"存储为 Web 所用格式"命令，会弹出如图 10-29 所示的对话框。在对话框中有一个四联对比框，四个窗口中分别显示输出不同格式、不同参数时图片的效果。

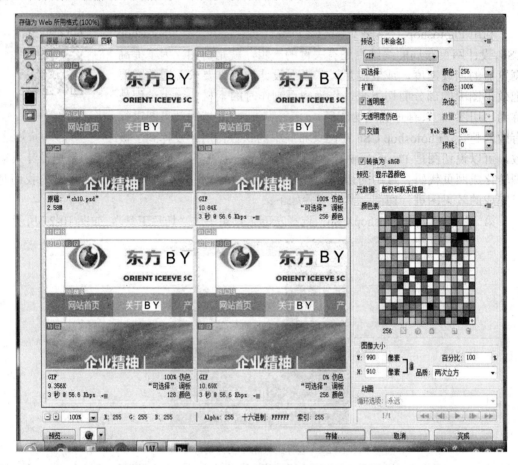

图 10-29　输出切片的对话框

　　第四步：如图 10-30 所示，设计者可以在对话框右上角根据需要选择合适的输出格式和参数，原则上输出的图片与源文件中的效果尽可能接近，图片的体积尽可能小，并在图像质量和体积之间达成平衡。针对不同的切片，可以选择不同的输出格式和不同的参数，逐个输出图片。也可以所有切片选择相同的输出格式和参数，同时输出所有的切片。

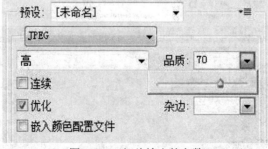

图 10-30　切片输出的参数

　　第五步：存储图片。方法为将导出后的图片存储在站点根文件夹的"images"文件夹中，切图后的素材如图 10-31 所示。

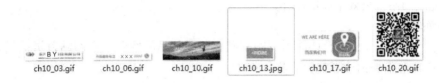

图 10-31　完成切片后的图片素材

在完成切片时应遵循以下原则：

(1) 必须依靠参考线。设计时用到参考线，切图时更要用好参考线。参考线能保证切出的图片在同一表格中的尺寸统一协调，有效避免"留白"和"爆边"。

(2) LOGO 和 Banner 必切。如果效果图中存在 LOGO 和 Banner，必须对其进行切片，主要是为预先设计的 LOGO 和 Banner 留下空间。在 Dreamweaver 整合时最好不用 LOGO 和 Banner 的切片，而是直接用 LOGO 和 Banner 原文档，这是提高 LOGO 和 Banner 效果的需要。

(3) 虚线和转角形状必切。虚线和转角形状在 Dreamweaver 环境下不能实现，只能使用 Photoshop 切片。

(4) 渐变必切。这也是 Dreamweaver 实现不了的。

(5) 大图必切。大的图像必须切分成均匀图，这样可以提高网页下载速度。

(6) 特殊文字效果必切。除黑体和宋体外，其他字体必须切片。在 Dreamweaver 环境下最有效的字体只有宋体和黑体，其他字体(可能因浏览者的电脑上未安装该字体)在浏览器上可能无法正常显示。

(7) 导航条必切。一般情况下导航条都是特别设计的，其效果在 Dreamweaver 环境下不能实现，因此必须形成切片供后期使用。

(8) 有效存储切片。存储切片的文件夹必须位于站点的根目录下，文件夹名必须是英文名字。存储切片时用"文件"→"存储为 Web 所用格式"命令。切片存储格式要求一般存为 Gif 格式。Gif 占用体积小。要求较高的图像存储为 JPEG 格式，JPEG 格式能显示更多的图片细节。

当然，网页布局设计软件使用者有不同的习惯、爱好和风格，笔者在此仅介绍一般的规律，以供广大网页设计初学者参考。

10.4　课后实践练习

【训练目标】

熟悉并掌握 Photoshop CS6 设计与制作网页的基本操作和技能，掌握使用"栅格工具"进行布局设计的方法，能独立设计与制作网站首页效果图。

【训练流程】

(1) 新建文件，确定网页的宽度。

(2) 选择一种栅格系统，在栅格系统的帮助下确定各板块布局的尺度大小。

(3) 运用 Photoshop CS6 的各种工具，制作网页中各种元素。

(4) 完成网站首页效果图的制作。

【训练题目】

在如图 10-32 所示的设计原型图的基础上开展某品牌经营中心网站首页效果图的设计，设计所需的素材由读者自己收集。

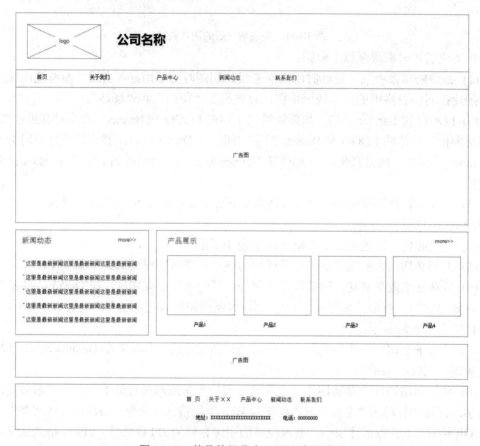

图 10-32　某品牌经营中心网站首页原型

习题答案

第11章　网站的发布与推广

【学习目标】

- 了解和掌握网站优化的原则与方法。
- 掌握网站发布的流程与方法。
- 了解网站测试的步骤及方法。
- 了解网站推广的意义与方法。

11.1　网　站　发　布

网站制作好之后，就需要进行网站发布，只有这样访问者才能够在网络上浏览到该网站。网站的发布过程大概有以下几个步骤：

1. 购买空间、域名

购买空间、域名的时候要注意根据自己使用的编程语言来选择合适的操作系统：如网站是使用 ASP、ASP.net 编写的，请选用 Windows 系列虚拟主机；使用 PHP 语言开发的网站，选用 UNIX 系列虚拟主机；如果只是开发了几个静态页面，想发布到网站上，则可以选择全静态 HTML 的虚拟主机。如果网站中使用到数据库，也要注意选择合适的操作系统：使用 Microsoft SQL Server 数据库，须选择 Windows 主机；使用 MySQL 数据库，须选择 UNIX 主机。一旦虚拟主机选择错误，将导致网站不能正常发布。

图 11-1 所示的某虚拟主机运营商提供的虚拟主机服务套餐。

图 11-1　某虚拟主机运营商提供的虚拟主机服务套餐

2. 申请 ICP 备案

根据国家信息产业部要求，国内开通网站必须先办理 ICP 网站备案，所以在主机购买成功后，首先要办理备案，备案时间大概在 20 天左右。各地的备案过程稍有不同，详见注册商给的备案说明。如果网站受众主体主要在国外，可以考虑国外主机，则免备案，这里不再赘述。图 11-2 所示的为 ICP 备案的一般流程。

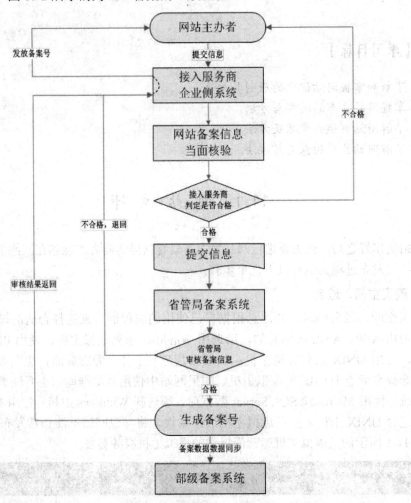

图 11-2　ICP 备案的一般流程

3. 上传网站

网站在备案的过程中，申请的域名一般是不能被解析的，或者解析后是不能生效的。一般注册商会给申请者一个临时的二级域名提供访问，因此在备案的同时，可以先调试网站程序。上传网页常用的工具有 CuteFTP、LeapFTP、FlashFXP 等，这些工具的使用方法大同小异，读者可以自行选择。

图 11-3 所示的为使用 LeapFTP 工具管理上传网站举例。

图 11-3　LeapFTP 管理上传网站举例

4. 数据库的操作

静态网站没有使用数据库，上传之后，在浏览器中打开首页，就可以浏览上传的网站。如果是动态网站，则还要将数据库内容导入到空间的数据库内，才可以浏览网站内容。

11.2　网站测试

网站测试是指的当网站制作完成，上传到服务器之后，针对网站的各项性能情况的一系列检测工作。它与软件测试有一定的区别，其除了要求外观的一致性以外，还要求其在各个浏览器下的兼容性，以及在不同环境下的显示差异。

网站基本完工后，需要通过下面三步测试。

(1) 制作者测试：包括美工测试页面、程序员测试功能，在网站制作做成后第一时间内由制作者本人进行测试。

(2) 全面测试：根据交工标准和客户要求，由专人进行全面测试，也包括页面和程序两方面，而且要结合起来测，另外要检查是否有错别字，文字内容是否有常识性错误等。

(3) 发布测试：网站发布到主服务器之后的测试，主要是防止环境不同导致的错误。

下面介绍网站测试的主要内容。

1. 网站功能测试

对于网站的测试而言，每一个独立的功能模块需要单独的测试用例，主要依据为《需求规格说明书》及《详细设计说明书》，对于应用程序模块需要设计者提供基本路径测试法的测试用例。

网站功能测试就是对产品的各功能进行验证，根据功能测试用例逐项测试，检查产品是否实现用户要求的功能。

2. 性能测试

性能测试对于网站的运行而言异常重要。网站的性能测试主要从三个方面进行：连接速度测试、负荷(Load)测试和压力(Stress)测试。连接速度测试指的是打开网页的响应速度测试，负荷测试指的是进行一些边界数据的测试，压力测试更像是恶意测试。

1) 连接速度测试

访问者连接到 Web 应用系统的速度根据上网方式的变化而变化。如果 Web 系统响应时间太长(例如超过 5 秒钟)，访问者就会因没有耐心等待而离开。另外，有些页面有超时的限制，如果响应速度太慢，访问者可能还没来得及浏览内容就需要重新登录了。此外，连接速度太慢还可能引起数据丢失，使访问者得不到真实的页面。

2) 负载测试

负载测试是为了测量 Web 系统在某一负载级别上的性能，以保证 Web 系统在需求范围内能正常工作。负载级别可以是某个时刻同时访问 Web 系统的访问者数量，也可以是在线数据处理的数量。例如：Web 应用系统能允许多少个访问者同时在线，如果超过了这个数量，会出现什么现象；Web 应用系统能否处理大量访问者对同一个页面的请求。

3) 压力测试

负载测试应该安排在 Web 系统发布以后，在实际的网络环境中进行测试。因为一个企业内部员工特别是项目组人员的数量总是有限的，而一个 Web 系统能同时处理的请求数量将远远超出这个限度，所以，只有放在 Internet 上接受负载测试，其结果才是正确可信的。进行压力测试是指实际破坏一个 Web 应用系统，测试系统的反应。是为了检测被测试系统的限制和故障恢复能力，也就是测试 Web 应用系统会不会崩溃，在什么情况下会崩溃。压力测试的区域包括表单、登录和其他信息传输页面等。

3. 接口测试

在很多情况下，Web 站点不是孤立的，可能会与外部服务器通讯、请求数据、验证数据或提交订单。

1) 服务器接口

第一个需要测试的接口是浏览器与服务器的接口。测试人员提交事务，然后查看服务器记录，并验证在浏览器上看到的正好是服务器上发生的。测试人员还可以查询数据库，确认事务数据已正确保存。

2) 外部接口

有些 Web 系统有外部接口。例如，网上商店可能要实时验证信用卡数据以减少欺诈行为的发生。测试的时候，要使用 Web 接口发送一些事务数据，分别对有效信用卡、无效信用卡和被盗信用卡进行验证。通常，测试人员需要确认软件能够处理外部服务器返回的所有可能的消息。

3) 错误处理

最容易被测试人员忽略的地方是接口错误处理。通常我们试图确认系统能够处理所有错误，但却无法预期系统所有可能的错误。

4. 可用性测试

可用性、易用性方面采用手工测试的方法进行评判，但是缺乏一个很好的评判基准。目前的手段主要包括导航测试、图形测试、内容测试、整体界面测试等。

5. 兼容性测试

需要验证应用程序可以在访问者使用的机器上运行。如果访问者是全球范围的，需要测试各种操作系统、浏览器、视频设置和 Modem 速度以及尝试测试各种设置的组合。

6. 安全测试

Web 应用系统的安全性测试区域主要有以下几个方面：

(1) 目录设置。Web 安全的第一步就是正确设置目录。每个目录下应该有 index.html 或 main.html 页面，这样就不会显示该目录下的所有内容。

(2) 登录。现在的 Web 应用系统基本采用先注册后登录的方式。因此，必须测试有效和无效的用户名和密码，要注意到是否大小写敏感，可以试多少次的限制，是否可以不登录而直接浏览某个页面等。

(3) Session。测试 Web 应用系统是否有超时的限制，也就是说，用户登录后在一定时间内(例如 15 分钟)没有点击任何页面时，是否需要重新登录才能正常使用。

(4) 日志文件。为了保证 Web 应用系统的安全性，日志文件是至关重要的。需要测试相关信息是否写进了日志文件、是否可追踪。

(5) 加密。当使用了安全套接字时，还要测试加密是否正确，检查信息的完整性。

(6) 安全漏洞。服务器端的脚本常常构成安全漏洞，这些漏洞又常常被黑客利用。所以，还要测试没有经过授权就不能在服务器端放置和编辑脚本的问题。目前网络安全问题日益重要，对于有交互信息的网站及进行电子商务活动的网站尤其重要。

7. 代码合法性测试

代码合法性测试主要包括两个部分：程序代码合法性检查与显示代码合法性检查。

11.3　网　站　推　广

网站推广就是以互联网为基础，借助平台和网络媒体的交互性来辅助营销目标实现的一种新型的市场营销方式。根据电子商务网站的商业特点和技术特点，目前企业使用了许多手段来宣传、推广电子商务网站。这些方法可归纳为如下几类。

1. 使用搜索引擎推广网站

以 Google 为代表的搜索引擎是最具代表性的消费者导航和搜索工具。这些工具以便捷的方式帮助消费者在数以百万计的网站中找到需要的网站和内容。它们成为了网站访问者的浏览网站和寻找内容、企业推广网站的主要工具。

搜索引擎使用叫做蜘蛛(spiders)的计算机程序来自动搜索网页，并建立一个称为索引的大型数据库供访问者搜索时使用。对于访问者来讲，使用搜索引擎非常简单：输入关键词，搜索引擎就会将结果列出；访问者点击这些结果的链接，就会进入相应的网站。尽管企业的网站可以被搜索引擎找到并列在搜索结果中，但如果企业没有对网站进行搜索优化设计，将很难达到网站推广的目的。

使用搜索引擎推广网站的第一步是确定网站关键词。以京东为例，根据京东网站特色，初步选定的关键词为：网上购物、网上商城、手机、笔记本、电脑、京东等。基于上述关键词(网站内容充实后，关键字还需优化)，基本准确描绘出网站的基本内容。第二步：登录各大门户网站搜索引擎。门户网站搜索引擎是许多普通网民搜索和发现新网站的重要途径，将京东网站根据科学选定的关键词进行网站登录，能够有效地提升网站的曝光率，使其快速呈现在普通网民面前。其中各大门户网站搜索引擎的"推荐登录"方式能够让网站具有较好的关键词搜索排名位置，是比较理想的登录方式。第三步：登录 Google、百度等专业搜索引擎。Google、百度等知名专业搜索引擎属于自动收录加关键词广告模式，能够被其收录，并在搜索相关关键词的时候具有较好的搜索引擎自然排名，这将极大地促进网站的营销推广和自我增值。

2. 使用网络广告进行企业网站的推广

企业推广自己网站时，在门户网站和一些专业网站上做广告是一种有效的方法。网络广告有许多传统广告所无法比拟的优点，形式也多种多样，会产生很好的广告效果。企业还可以和其他网站交换链接达到增加客户流的目的。

网络广告的载体基本上是多媒体、超文本格式文件，只要受众对某样产品、某个企业感兴趣，仅需轻点鼠标就能进一步了解更多、更详细、更生动的信息，从而使访问者能身临其境般感受商品或服务。因此网络广告具备强烈的交互性与感官性是投入较大、效果明显的推广方式之一。广告投放对象选择要符合网站访问群特征，并根据网站不同推广阶段的需要进行调整。

3. 网络联盟

现在越来越多的企业使用网络联盟的方式来推广自己的网站。所谓网络联盟是企业将自己的网站链接或者广告免费的放置在加盟企业的网站上，当访问者通过这些加盟网站进入到企业网站并产生消费后，企业会支付给这些加盟网站一定比例的佣金。加盟网站往往是一些面向目标群体的网站，可以有效地吸引客户流并为企业带来资金流。企业只是在购买活动发生之后才支付佣金，使得网站推广活动更加有效。例如百度联盟隶属于全球最大的中文搜索引擎百度，依托百度强大的品牌号召力和成熟的竞价排名模式，经过多年精心运营，已发展成为国内最具实力的联盟体系之一。

4. 病毒式推广

病毒性营销并非是以传播病毒的方式开展营销，而是利用访问者口碑宣传网络，让信息像病毒那样传播和扩散，像滚雪球一样的方式传向数以百万计的网络用户，从而达到推广的目的。病毒性营销方法实质上是在为访问者提供有价值的免费服务的同时，附加上一定的推广信息。病毒性营销是一种营销思想和策略，并没有固定模式，适合大中小型企业和网站，如果应用得当，这种病毒性营销手段往往可以以极低的代价取得非常显著的效果。例如支付宝近几年来在年关时候的集五福领红包活动，不仅让更多的人相继加入使用支付宝的大军，更有其他商家也借此打广告。

5. 电子邮件推广

邮件营销是快速、高效的营销方式，但应避免成为垃圾邮件广告发送者，可以参加可信任的许可邮件营销，向目标客户定期发送邮件广告，这是一种有效的网站推广方法。例如京东商城以电子邮件为主要的网站推广手段，常用的方法包括电子刊物、会员通讯、专业服务商的电子邮件广告等。利用网站的注册用户资料开展 Email 营销的常见形式有新闻邮件、会员通讯、电子刊物等。并且利用专业服务商的用户电子邮件地址来开展 Email 营销，也就是电子邮件广告的形式向服务商的用户发送信息。在进行网站推广的同时也可以减少广告对访问者的滋扰、增加潜在客户定位的准确度、增强与客户的关系、提高品牌忠诚度等。

除了上面常用的网站推广方法之外，还有一些网站推广方法，如链接推广、有奖竞赛、有奖调查等。网站推广策略要综合考虑各种相关因素，根据企业内部资源条件和外部经营环境来制定，并且对网站推广各个环节、各个阶段的发展状况进行有效的控制和管理；应当基于其网站推广工作的目标、预算等对各种推广方式进行取舍，灵活地构建一套适合自身需要的成本低、效果佳的有针对性的网站推广解决方案，积极和持续地开展多层次、多样化和立体式的网站推广，努力把自己的网站和产品及服务推荐给尽可能多的现有和潜在顾客，从而为自己创造更好的经济效益。

参 考 文 献

[1]　未来出版[英]. CSS 网页布局创意课[M]. 叶小芳，译，北京：电子工业出版社，2012.

[2]　传智播客高教产品研发部. Photoshop CS6 图像处理案例教程[M]. 北京：中国铁道出版社，2016.

[3]　水晶石教育.水晶石技法 CSS + DIV 商业网站设计[M]. 北京：人民邮电出版社，2012.

[4]　姜鹏，郭晓倩. 形·色：网页设计法则及实例指导[M]. 北京：人民邮电出版社，2017.

[5]　刘春茂. 网页设计与网站建设案例课堂[M]. 2 版. 北京：清华大学出版社，2018.

[6]　凤凰高新教育. 案例学：网页设计与网站建设[M]. 北京：北京大学出版社，2018.

[7]　刘玉红. Photoshop 网页设计与配色案例课堂[M]. 北京：清华大学出版社，2015.